U0191721

我的第一套物理启蒙书

（第一册）

〔美〕乔治·伽莫夫　著
肖蕾　译

民主与建设出版社
·北京·

图书在版编目（CIP）数据

我的第一套物理启蒙书 / （美）乔治·伽莫夫著；肖蕾译. -- 北京：民主与建设出版社，2021.5
ISBN 978-7-5139-3364-3

Ⅰ. ①我… Ⅱ. ①乔… ②肖… Ⅲ. ①物理学—普及读物 Ⅳ. ①O4-49

中国版本图书馆CIP数据核字（2021）第026938号

我的第一套物理启蒙书

WODE DIYITAO WULI QIMENGSHU

著　　者　[美] 乔治·伽莫夫
译　　者　肖　蕾
责任编辑　李保华
封面设计　余　微
出版发行　民主与建设出版社有限责任公司
电　　话　（010）59417747　59419778
社　　址　北京市海淀区西三环中路10号望海楼E座7层
邮　　编　100142
印　　刷　德富泰（唐山）印务有限公司
版　　次　2021年5月第1版
印　　次　2021年5月第1次印刷
开　　本　710毫米 × 1000毫米　1/16
印　　张　32.5
字　　数　550千字
书　　号　ISBN 978-7-5139-3364-3
定　　价　168.00元（全四册）

1961年再版前言

出版数年之后即过时，这差不多是任何一本科普书籍的宿命，在科学飞速发展的今日，更是如此。我13年前写下的这本《我的第一套物理启蒙书》，却幸运地逃脱了这种宿命。写作此书时，我就关注并整理了当时最新的科学成果，13年后的今天，为了使其跟上科学进步的步伐，我对它进行了一些增删、修订。

近年，氢弹爆炸的热核反应使得原子能成功释放，科学家们将下一步的研究放在了热核反应的可控能量释放之上。在初次出版的第11章，我就对热核反应的原理及其应用进行了叙述；此次修订时，我在第7章对热核反应的最新成果进行了介绍。

此外，在这一版本中，将估算的宇宙年龄从20亿年或30亿年修订为了50多亿年；天文单位亦被修正——这要归功于美国加州帕洛玛山天文台那台200英寸口径的海尔天文望远镜。

得益于生物学的进展，我们重新修改了图 101 及其文本解释，且在第 9 章中增加了简单生物有机体合成生产的全新内容。在首版中，我曾断言："没错，非生命物质和生命物质之间必然存在过渡阶段，有朝一日——或许为时不远——当天才生物化学家实现了用普通化学元素合成病毒分子之时，他可以自豪地宣布，无生命物质被我赋予了生命气息，就像上帝做过的那样！"几年之前，此事已成事实——严谨地说是几近事实——这要归功于来自加利福尼亚的科学家。我在第 9 章的末尾简要介绍了这一壮举。

初版卷首，我曾写到"致我的儿子伊戈尔，一个梦想成为牛仔的男孩"，许多读者纷纷来信，询问结果。我的答案是：没有。我的儿子明年夏天就要毕业了，他的专业是生物学，职业规划是基因学研究。

乔治・伽莫夫

科罗拉多大学

1960 年 11 月

目录

CONTENTS

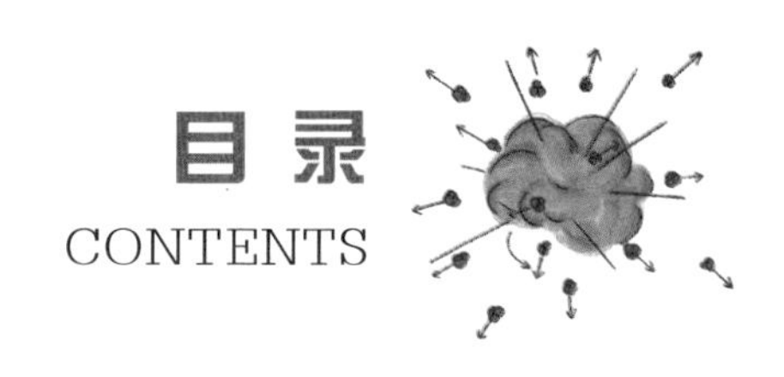

第一部分　数字游戏

第1章　大数

一、最多你能数到几

曾经有一个故事，故事的主角是两个来自匈牙利的贵族，他俩想比试一番，看看谁说出的数字最大。

“好啊，你先请。”一位贵族说道。

“三！”冥思苦想数分钟，另一位贵族开口喊出了他心中最大的数字。

现在是第一位贵族的思考时间，只是十几分钟以后，他宣布了放弃。

"你是赢家。"他悻悻道。

事实上，这两位匈牙利贵族的智商肯定不够高[1]，故事本身应该也是恶意诽谤。不过，若故事的主角并非匈牙利贵族，而是霍屯督人[2]，那此类对话发生的可能性就大多了。据非洲探险家说，很多霍屯督部族的语言中，没有大于3的数字。如果你问当地土著，"你有几个儿子？"或者"你杀死过多少敌人？"，在实际数字大于3时，他们就只会说："很多。"因而，仅就计数而言，霍屯督部族的勇士甚至连美国幼儿园的儿童都比不过，毕竟幼儿园的小朋友数到10也毫不费力。

时至今日，人们总以为能写出心中最大的数字，只要不辞辛苦地往后面加零，军费开支可以以分为单位，恒星距离

① 我将再讲一个故事，为这个故事提供证据：这个故事发生在一群迷路于阿尔卑斯山登山途中的匈牙利贵族之间。一个贵族拿着地图，端详了许久，说道："我知道咱们现在的位置！""在什么位置？"其他贵族问道。"你们看前面那座大山，咱们此刻就在山顶。"——作者注

② 霍屯督人是生活在非洲南部的原始族群，纳米比亚、博茨瓦纳、南非是他们的主要活动范围。——译者注

也可以以英寸为单位。截至现在，宇宙的原子总数大概是300，000，000，000，000，000，000，000，000，000，000，000，000，000，000，000，000，000，000，000，000，000，000，000，000，000，000，000[1]个。但是，你依然能够写出比这个数字大的数字。

恒星：恒星都是气态星球，它们的生命始于气态星云的引力坍塌，恒星的总质量决定其演化进程和最终命运。离地球最近的恒星是太阳。

当然，3×10^{74}可以更加简洁地呈现此数。

位于数字10右上角的“74”，代表数字3后面的0的个数。

不过，古时候，并没有这种“算术简化”系统。其实，科学计数法是某位非著名印度数学家在2000年前才发明出来的。在这一伟大发明出现以前——虽然此种伟大常常被人忽略，但是它的伟大毋庸置疑——人们只能用特定符号来表示十进制单位中特定位次上的数字，数位上的数字是几，就要

① 数字据最大望远镜观测后估算而来。——作者注

将特定符号重复书写几次。例如，数字 8732 在古埃及的文字中写作如下：

恺撒大帝[1]的书记官则会记录如下：

MMMMMMMMDCCXXXII

这两种记录形式相比，读者肯定对第二种倍感亲切，毕竟时至今日，很多地方——譬如书籍的章节、卷数还有在富丽堂皇的纪念碑上标注的历史事件日期——仍然在沿用罗马数字。古时候不存在比千位更高位次的代表符号，因

罗马数字：欧洲在阿拉伯数字传入之前使用的一种数码，特别之处在于没有数字“0”。2015 年 7 月，意大利罗马宣布放弃使用罗马数字，而改用意大利文写法。

① 恺撒大帝（Julius Caesar），罗马帝国的奠基者。——译者注

为那时候一般不会记录超过几千的数字。如果你要求一个古罗马人写出“一百万”这个数，他一定会万分窘迫，即使他对算数十分在行。如果你一定要求他这么做，他唯一能做的就是，耗用数小时，不断地写 M，直到写足 1000 个（如图 1）。

图 1　一个奥古斯都·恺撒那样的古罗马人，正试着用罗马数字写下数字“一百万”。可有限的壁板空间，几乎连“十万”都容纳不下。

天上究竟有多少颗星星？海里到底有多少条鱼儿？沙滩上具体有多少粒沙子？如此庞大的数字，在古人看来，都是“不可胜数”的“许多”，就如同“5”这个数字在霍屯督人看来就是“许多”一样！

阿基米德（前287—前212年）：古希腊哲学家、百科式科学家，被誉为“力学之父”。阿基米德曾说：“给我一个支点，我就能撬起整个地球。”

前3世纪，著名科学家**阿基米德**发挥聪明才智，发明了一套记录巨大数字的方法，这一方法被写入了他的著作《沙粒计算》一书之中：

“在很多人心中，世界上的沙粒不可胜数，此处所说的沙粒，既包括叙拉古[①]，也涵盖西西里岛，甚至包括这个地区里任何一个有人区及无人区。在其他一些人看来，沙粒数目有限，遗憾的是这个世界上没有足够大的数字来表示这个数目。显而易见，这群人肯定也认为，如果有一堆沙子，它的大小和地球相近，并且，沙粒填满了海洋，填满了地洞，堆平

① 叙拉古位置在今天意大利西西里岛的锡拉丘兹，是古时候的一个城市国家。——译者注

了高山，那这个沙堆中沙子的数目便没有办法加以描述、记录。不过，我还是想试一试，试着去描述这个如地球般庞大的沙堆中的沙粒总数，并且，试着去描述一个哪怕如宇宙般庞大的沙堆中的沙粒总数。”

阿基米德在这本书中，用了一种类似如今我们使用的科学记数法那样的方法，来描述巨大数字。他先是找到了古希腊算术中的最大数字“一万”，然后，引进一个全新的数字“一万万（一亿）”，并将其命名为“第二阶单位”，如是类推，就有了被称为“第三阶单位”的“一亿亿”和被称为“第四阶单位”的“一亿亿亿”。

时至今日，在我们严用这样的方法来记载一个庞大的数字时，难免要耗费数页篇幅，过于烦琐。然而，在阿基米德生活的时代，这种计数方式堪称算术科学的伟大发明，是古人向着算数科学进步的伟大进程。

要想知道多少沙粒能填满整个宇宙，那么阿基米德面对的首要问题是，搞清楚宇宙究竟有多大。那个时候，人们认为宇宙是一个大大的水晶球，球面上镶嵌着所有的星辰。萨摩斯岛[①]的阿里斯塔克[②]与阿基米德生活在同一时代，是当时著名的天文学家，经他估算，地球与水晶球穹顶之间的距离，大概是 1，000，000，000 英里[③]。

阿基米德以水晶球和沙粒为参照，进行换算，经过大量的复杂运算，推算出："很明显，以阿里斯塔克估算的天球体大小为基准，整个宇宙大概能装下不大于一千万个第八阶单位[④]的沙粒。"

由此可见，与科学家的最新估计相比，阿基米德估算的宇宙半径要小得多。实际上连太阳与土星之间的距离都比

---

① 萨摩斯岛，位于古希腊的一个小岛。——译者注

② 阿里斯塔克，是古希腊历史上第一位著名的天文学家，大约生活在前 3 世纪。——译者注

③ 本书中的长度单位一般为英里、英尺、英寸等英制单位，1 英里 =1.609 千米，1 英尺 =30.48 厘米，1 英寸 =2.54 厘米。

④ 可以用科学记数法记录如下：一千万（10，000，000）× 第二阶（100，000，000）× 第三阶（100，000，000）× 第四阶（100，000，000）× 第五阶（100，000，000）× 第六阶（100，000，000）× 第七阶（100，000，000）× 第八阶（100，000，000），或直接简写为 10^{63}，也就是说在 1 的后面加 63 个 0。——作者注

10 亿英里要大。正如后文所提到的，得益于天文望远镜的贡献，我们可目测到的宇宙范围足有 5，000，000，000，000，000，000，000 英里远，要想用沙子填满整个宇宙，没有 10^{100} 个沙粒，是无法实现的。

显然，比起本章开头说到的宇宙中的原子总数 3×10^{74} 个，这个数字大得出奇。然而，值得注意的一点是，宇宙并非被原子填满；实事求是地说，平均而言，每立方米空间之中也就有仅有 1 个原子而已。

其实，并不一定非要采取将沙粒装满整个宇宙这么极端的方式，才能得到巨大数字。那些看似简单的问题中，那些你乍看上去觉得最大不过几千的问题中，巨大数字十分常见。

国际象棋：又称西洋棋，起源于亚洲，后由阿拉伯人传入欧洲，成为国际通行棋类，曾被列为奥林匹克运动会正式比赛项目。

古印度的舍罕王就在这样看似简单的问题上，栽进了天文数字的陷阱里。相传，他高兴之余，决定向发明并进献了国际象棋的宰相西萨·班·达伊尔赐予奖赏。提出的要求看似十分谦卑，宰相聪明过人，他向国王跪拜道："陛下，请赐予我麦子吧，棋盘第一格放一粒，第二格放两粒，第三格放四粒，第四格放八粒，只要在后面格子里放上前一个格子中两倍的麦子，装满 64 格棋盘，就是您赐予我的奖赏。"

"我忠实的宰相，你的确不是贪心之人。"国王朗声道。他暗自高兴，用这么小小的代价，既成全了自己的慷慨，又赏赐了宰相的进献，他令人呈上一袋麦子，道："如你所愿。"

图 2 聪明的数学家西萨·班·达伊尔向古印度舍罕王讨赏。

一切都按部就班，将 1 粒麦子放进第一格，2 粒放进第二格，4 粒放进第三格，还未进行到第二十格，袋子就空空如也了。一袋又一袋的麦子被运进皇宫，每格的麦子都在成倍增长，国王很快意识到，若要真的兑现承诺，把全印度的粮食都运进来都不够——因为，填满棋盘所需的麦子总数为 18，446，744，073，709，551，615 粒[①]！

虽然此数远小于宇宙中的原子总数，但仍旧是一个相当庞大的数字。假设 500 万粒小麦重为 1 蒲式耳[②]，国王若要兑现承诺，需要的麦子总量为 4 万亿蒲式耳；根据当时全世界小麦每年 20 亿蒲式耳的产量计算，全世界两千年生产的所有小麦都要归于宰相！

---

① 宰相所讨赏赐，用公式表示如下：$1+2+2^2+2^3+2^4+\cdots+2^{63}+2^{64}$，在数学世界中，这种以相同因数（本例因数为 2）递增的数列被称为等比数列。通过计算推导，等比数列的各项相加可以表示为：$\frac{2^{63}\times 2-1}{2-1}=2^{64}-1$，即用固定因数（本案为 2）的项数次方幂（本例为 64），减去首项（本例为 1），再除以固定因数减 1 的差值，计算得出 18，446，744，073，709，551，615。——作者注

② 蒲式耳为重量和容量单位，一般用于计量干货农产品，1 蒲式耳大约相当于 36.37 升。——译者注

如此一来，舍罕王竟然欠了宰相一大笔债，国王只能在履行债务或杀死宰相之间做出抉择。我认为，国王应该会选择第二个方案。

另一个关乎天文数字的故事，牵涉到了“世界末日”这一话题，和上一个故事一样，也发生在印度。历史学家鲍尔痴迷数学，他曾提到[①]：

“在代表世界中心的贝拿勒斯[②]神庙穹顶下方，摆着一块黄铜牌板，铜板上面固定着三根高 1 腕尺（约 20 英寸）、蜜蜂粗细的宝石针。神灵在创世之初，摆下了梵天塔，即在一根宝石针上自上而下、由小渐大地放了 64 枚金片。僧侣们轮流值守，昼夜不停地依照梵天[③]定下的铁律，将金片从一根宝石针移至另一根宝石针。每位僧侣一次仅能挪动 1 枚金片，不论何时，金片始终都要自上而下、由小渐大地摆放。64 枚金片全部移到另一根宝石针上之时，就是梵天塔、神庙、婆罗

① 摘自《数学拾零》，W.W.R. 鲍尔，麦克米兰出版公司，纽约，1939 年。——作者注
② 贝拿勒斯位于印度北部，是印度著名的历史古城，也是印度教的圣地。——译者注
③ 梵天是印度教的主神。——译者注

门尽化成灰的时刻，世界会随着一声震天巨响归于尘土。”

婆罗门：印度四种姓中最被尊崇的种姓，是古印度掌握各类知识的阶层。除祭司外，他们也担任宫廷文士、科学家与教师等职务。

图 3 在减少金片数量后，对故事场景进行了再现。你可以亲自动手，用硬纸板和长铁钉代替金片及宝石针，按照规则操作一番。你很快就会发现金片移动的规律：后一张金片的移动次数相较于前一张金片移动次数是成倍增长的；第一枚金片的移动次数为 1，第二枚为 2，金片移动次数随着枚数的增加呈指数级增长，移动完全部 64 枚金片所需次数和宰相所讨的麦粒总数相等[①]！

① 假如需要移动的金片总数为 7，那么移动的总次数为：$1+2+2^2+2^3+\cdots\cdots$，也就是 $2^7-1=2\times2\times2\times2\times2\times2\times2-1=127$。若你从不犯错，且手速够快，移完 7 枚金片所耗时间大约为 1 个小时。若要将 64 枚金片全部移完，那总次数为 $2^{64}-1=18,446,744,073,709,551,615$，和宰相所讨麦粒总数分毫不差。——作者注

图 3 僧侣在巨大的梵天像前正襟危坐，为“世界末日”难题辛苦操劳。全部画出故事中的 64 枚金片有些困难，因而绘画时减少了金片数量。

那么把梵天塔上的 64 枚金片从一根宝石针移往另一根宝石针，共耗费多长时间呢？首先假设僧侣们没有假期，昼夜不停地移动金片，且移动一次耗时 1 秒，将一年换算为 31，558，000 秒，僧侣们移动完 64 枚金片，所耗时间比 5800 亿年还要多。

比较神话传说中的“世界末日”和科学预测的宇宙寿命是一件非常有趣的事儿。据现有宇宙演变理论，约 30 亿年前，宇宙中的不成形物质凝聚成了恒星、太阳及包括地球在内的太阳系行星。与此同时，我们推算，恒星——尤其是太阳——的能量来源于“核燃料”，这些物质大约还能维持 100 亿年至 150 亿年[1]。由此可见，太阳系的存在时间不可能超过 200 亿年，这和印度传说中的 5800 亿年天差地别！当然，神话传说始终是神话传说！

著名的“印刷行数问题”，大概是文献中记载过的最大的数字。假设我们有一台印刷机，这台机器可以不间断地工作，它所印出的每一行内容都是字母和印刷符号的随机组

① 详情请看“创世的年代”。

合。这台机器内置多个独立圆环，每个圆环的边缘都刻着全部的字母及印刷符号。像汽车里程表那样将数字圆盘组装好：后一个圆环转动一圈，就能带动前一个圆环转动一格。随着圆环的转动，印刷纸被一卷卷送入，一行行内容就会呈现在印刷纸上。造这样一台自动印刷机并非难事，图 4 就描绘了这样一台印刷机的大致模样。

图 4 随着自动印刷机圆环的转动，一行莎士比亚的诗句呈现纸上。

现在，我们启动机器，仔细查看一下印刷内容。大部分都是如下这些毫无逻辑的内容：

“aaaaaaaaaaaa…”

或

“booboobooboo…”

抑或是

“zawkporpkossscilm…”

不过，毕竟这台自动印刷机可以印出字母和符号的全部组合，那么，我们就必然能在这些无穷无尽、毫无逻辑的垃圾之中，发现一些有意义的内容和许多毫无意义的内容，如：

“马有六条腿以及……”

或者

“松节油煎苹果是我所喜欢的……”

莎翁（1564—1616年）：威廉·莎士比亚，英国文艺复兴时期剧作家、诗人，高产而具有世界影响力，被认为是英语世界最伟大的作家之一。

只要坚持不懈，我们总会找到莎翁笔下的任何一行诗句，甚至那些沉寂纸篓、不曾发表的手稿。

实事求是地说，这台自动印刷机可以将有史以来的所有文字都打印出来，任何一行散文、一句诗歌，任何报纸上的任何一篇社论、一段广告，任何一卷乏味的科学论文，任何一封情书，任何一张牛奶订单……

这台自动印刷机所能打印的远不止于此，数世纪后人类即将书写的任何内容，它都可以打印。那些随着圆环转动而出的打印纸上，印着30世纪的诗歌、未来的科学发现、第500届美国国会的演讲内容，还有2344年的星际交通事故报告。还有那些未及写出的一篇篇短篇、长篇小说，若是哪个出版公司拥有了它，他们的工作就只剩下从这些长篇累牍的垃圾之中选取内容，然后加以编辑了——尽管这和他们现在的工作没什么太大区别。

为何不能付诸行动呢？

那我们先来计算一下为了穷尽全部字母及印刷符号的组合，总共需要印出多少行内容。

英文字母表中的字母个数是26；阿拉伯数字从0到9，总个数为10；常用符号包括空格、句号、逗号、冒号、分号、问号、感叹号、破折号、连字符、引号、缩写号、小括号、中括号、大括号，个数总计为14，以上三者相加，字符总个数为50。假设这样一台自动印刷机共有圆环65个，即每行所能印刷的字符个数为65。所印的每一行、每一个字符都是随机的，因而每个位置印出的字符都有50种可能，两个位置所有组合共有50×50=2500种可能，三个位置所有组合的可能性则需要再乘以50……如此类推，一行字符的所有组合总数为：

$$\overbrace{50\times50\times50\times50\cdots\times50}^{65\text{个}}$$

也可以表示为：50^{65}

即 10^{110}。

为了让你对这一庞大数字有一直观感受，你可以将宇宙中的每个原子都想象成一台单独的自动印刷机，也就是说，同一时间，共有 3×10^{74} 台印刷机在宇宙中工作。然后进一步想象，这些印刷机自宇宙诞生，也就是 30 亿年或 10^{17} 秒前[①]就已开始从不停歇地运转着。我们不妨再假设印刷机的印刷速度为 10^{15} 行 / 秒，和原子震动频率相同，那么，从理论上来说，这些印刷机印出的行数总和为 $3\times10^{74}\times10^{17}\times10^{15}=3\times10^{106}$，大约相当于全部任务的 1/3000。

所以，从印刷材料中找出任何内容，都要大费一番周折。

① 本书初版时，科学界推测宇宙的年龄大约为 30 亿年，1961 年再版时，作者根据当时望远镜的科学探测，将宇宙年龄修订为了 50 亿年以上，时至今日，科学界最新探测估计的宇宙年龄大约是 138 亿年。——译者注

二、怎样计算无穷大

在上一节中，我们对数字问题展开了一系列讨论，其中涉及许多庞大数字。虽然这些数字如西萨·班·达伊尔所讨的麦粒总和一般巨大无比，但只要时间充裕，我们总能将其写出。可这个世界，确实存在着一些无论我们多么努力，都无法写出的真正无穷大的数字，“所有整数的总个数”“一条线段上所有几何点的总个数”就是这样的数字。面对这样的数字，除了感叹一句“无穷大”之外，我们还能做些什么？面对两个无穷大数字，我们是否能够试着比较它们的大小呢？

换而言之，我们是否可以问：“所有整数的总个数和一条线段上所有几何点的总个数，孰大孰小？”第一个提出这个问题的，是“无穷数学”的创始人、著名数学家康托尔[①]。

比较“无穷大数”孰大孰小，最大的难点在于，需要对比

① 格奥尔格·康托尔（Georg Cantor），生于1845年，卒于1918年，德国著名数学家，创立集合论并提出超穷数理论。——译者注

的数字既无法读出，也无法写下，这就如同一个霍屯督人想要知道自己财宝箱中玻璃珠与铜币哪个更多一样——毕竟，在霍屯督人的数学世界中，3 已经是最大的数，他们根本无法数出比 3 更大的数字。可是，你认为，霍屯督人会因此而放弃比较吗？不，若他动动脑筋，就会把玻璃珠和铜币一一拿出，一一对比：将第一颗玻璃珠放在第一枚铜币旁边，将第二颗玻璃珠放在第二枚铜币旁边……直到玻璃珠被全部拿出，而箱中仍有铜币，他就会明白，铜币数量大于玻璃珠的数量；反之，就是玻璃珠更多一些；若二者在同一时间被全部拿出，那就说明二者数量相等。

康托尔将这种方法运用到了无穷大数的比较：他首先将两组无穷大数进行一一配对，如果最后两列数字都没剩余，那就说明二者相等；如果其中一组用尽，一组剩余，那么有剩余的就大于用尽的，也可以说成有剩余的一组具有更强的无限性。

显而易见，这种对比无穷大数的方法合情合理，并且是唯一可行的比较方法。但是，你仍需做好“大吃一惊”的思想准备，再开始真正使用这一方法。以偶数的总量和奇数的总量这两个无穷大数为例，仅凭直觉，你会得出二者相等的结论，且按照一一配对的方式进行比较，也完全合乎规则：

1	3	5	7	9	11	13	15	17	19	…
↕	↕	↕	↕	↕	↕	↕	↕	↕	↕	
2	4	6	8	10	12	14	16	18	20	…

这个表格之中，一奇一偶配为一对，二者都没有剩余，所以结论就是：偶数的总量和奇数的总量这个无穷大数相等。这一结论十分地简单明了！

那么，换个问题，如果是比较全部整数总量和全部偶数总量的大小呢？你肯定会说，必然是全部整数的总量更大呀，因为偶数只是整数的一部分。不过，得出结论靠的是运用规则进行比较，而不是"想当然"。若你严格按照规则比较，你就会发现自己的错误，尽管这很出人意料。因为，全部整数和全部偶数也可一一配对，就如下表：

1 2 3 4 5 6 7 8 …

↕ ↕ ↕ ↕ ↕ ↕ ↕ ↕

2 4 6 8 10 12 14 16 …

按照比较规则比较后，我们会得出全部整数的数量和全部偶数的数量相等的结论。尽管这看似和我们已知的“偶数仅是整数的一部分”的结论相矛盾，但是研究无穷大数时要做的第一件事就是：准备好接受无穷大数的与众不同。

事实就是，部分与整体相等，真实地存在于无穷大数的世界之中！德国著名学家希尔伯特[①]曾讲过一个故事，很好地阐释了这一点——这是他在讲座中对无穷大数这一矛盾特性的经典论述[②]：

“首先，我们假设有一家旅店，这家旅店客房数量有限，全部客满。这时，进来了一位新客，想要住店，老板只能说：

① 大卫·希尔伯特（David Hilbert），生于1862年，卒于1943年，德国数学家。——译者注

② 引自R.Rourant的文献《希尔伯特故事全集》，这个册子虽然流传甚广，但从未正式出版或写作。——作者注

‘抱歉，没有房间了。’接下来，我们假设还有一家旅店，这家旅店客房数量无限，也全部客满。这时，进来了一位新客，想要住店。

“老板会热情地回应道：‘没问题！’然后他让入住 1 号客房的房客搬入 2 号客房，让入住 2 号客房的房客搬入 3 号客房，让入住 3 号客房的房客搬入 4 号客房，以此类推。最后，新客入住 1 号客房，它刚刚被腾空。

“现在，我们进一步假设，有一家旅店，这家旅店客房数量无限，且全部客满。这个时候，进来了无数个新客想要住店。

“‘先生们，完全没问题！请少安勿躁。’老板招呼道。

“老板故技重施，并稍加变通：将 1 号客房的房客搬入 2 号客房，将 2 号客房的房客搬入 4 号客房，将 3 号客房的房客搬入 6 号客房，以此类推。

“就这样，老板腾空了所有奇数号客房，无数新客全部顺利入住。”

> 第二次世界大战（1939年9月1日—1945年9月2日）：简称“二战”，又称世界反法西斯战争，战争波及欧洲与亚洲，先后有61个国家和地区、20亿以上人口被卷入其中，是人类历史上规模最大的世界战争。

这段论述问世时正值第二次世界大战，尽管这位德国数学家无法得到美国人的接受和理解，但是他却清楚明了地展示了无穷大数和普通数字完全不同的古怪特性。

根据康托尔法则，比较无穷大数的大小，我们就能证明全部分数（如$\frac{3}{7}$或$\frac{735}{8}$）的总数等于全部整数的总数。在实践中，我们可以写出全部分数，方法如下：首先，写下分子分母相加为2的分数，只有$\frac{1}{1}$；其次，写下分子分母相加为3的分数，分别为：$\frac{2}{1}$，$\frac{1}{2}$；然后，再写下分子分母相加为4的分数，分别是：$\frac{3}{1}$，$\frac{2}{2}$，$\frac{1}{3}$……不断写下去，我们就能得到一个包含所有分数的无穷数列（见图5）。随即，我们在这个无穷数列的每个分数上方一一写下每个整数，二者也是一一对应，由此可知，所有分数的个数等于所有整数的个数。

图 5 非洲土著和康托尔教授在各自计算能力之外，试着比较数字的大小。

也许你现在正忍不住说道："真不错，简单说来，这是不是意味着任何无穷大数都相等？若真如此，还有比较它们的必要吗？"

事实却并不是你想象的那样，因为找到一个比所有整数个数或分数个数更大的无穷大数，并非难事。

其实，我们可以回顾一下前文中提及的，线段上的几何点的总量和全部整数个数孰大孰小的问题。也许你已经意识到，二者并不相等，前者比后者要多很多。我们依旧沿用一一对应的法则来证明这一结论，将一条 1 英寸长的线段和整数数列对应起来。

线段上任何一点的位置都可以描述成这个点到线段端点的距离，我们可以采用 0.7350624780056… 或 0.38250375632…[1] 这样的无限小数来记录。

接下来的任务就变成了，比较全部整数个数和全部无限

① 我们假设了一条 1 英寸长的线段，因而所有小数都小于 1。

小数个数的大小。这时，我们需要思考一下，无限小数和$\frac{3}{7}$、$\frac{8}{277}$之类的分数有何分别?

这时，数学知识就派上了用场，我们知道，任何一个普通分数都可以转写为有限小数或者无限循环小数，即$\frac{2}{3}$=0.66666…=0.(6)，$\frac{3}{7}$=0.428571428571428571 4…=0.(428571)。分数总数等于整数总数，这是我们通过证明得出的结论；由此，我们可以进一步推导出，所有无限循环小数的个数等于所有整数的个数。只是，线段上并非任何一点都能用无限循环小数进行表示。事实上，线段上的大部分点都需要用不循环小数进行表示。我们就很容易看出，在此情况下，两个数列不存在一一对应的关系。

如果有人声称他可以建立这种一一对应关系，那应当会列示如下：

N

1　0.38602563078…

2　0.57350762050…

3　0.99356753207…

4　0.25763200456…

5　0.00005320562…

6　0.99.35638567…

7　0.55522730567…

8　0.05277365642…

…………………………

…………………………

…………………………

我们当然没有办法能够写出无数个无限小数，那么上表的作者写出上表时必然遵循了一定的排列规则（类似我们排列分数的那种规则），因为只有这样，他才能保证这张表涵盖了所有的小数。

我们很容易写出一个这张表中不存在的无限小数，因而，没有规则能满足上述声称。具体该如何写出呢？轻而易举！我们只需要保证写下的小数，第一位不同于表中第一个小数的第一位数，第二位不同于表中第二个小数的第二位数，然后延续这个规则，就会写出如下小数：

非 3	非 7	非 3	非 6	非 5	非 6	非 3	非 5	…
↓	↓	↓	↓	↓	↓	↓	↓	↓
0.5	2	7	4	0	7	1	2	…

无论你费多大力气寻找，都无法在表格中发现这个数字。若作者跟你说，你要找的小数就是第 137 号（或是其他任何序号），你可以第一时间对他说："绝无可能，表中的 137 号小数和我写的小数，第 137 位小数位上的数字不同。"

由此可见，我们无法实现线段上的点和所有整数的一一对应，这说明，线段上所有点的数量比所有整数或分数的个数大，也可以说在无穷性上，前者比后者强。

我们在前文假设线段的长度为 1 英寸，现在，根据无穷大数的独特规律，可以轻松地发现，这个结论与线段的长度无关。也就是说，一个一英寸长的线段，和一英尺长的线段、一英里长的线段上的点数都是相等的。图 6 向我们直观展示了线段 AB 和线段 AC 上的点数，且两条线段长度不同。我们可以过线段 AB 任意一点画出一条平行 BC 的线段，这个线段和 AB、AC 分别相交于 D 点和 D′ 点，然后如法炮制地画出 E 点和 E′ 点，F 点和 F′ 点，等等。这样，线段 AB 和 AC 上的点就建立了一一对应的关系，我们可以根据无穷大数的比较规则，得出两条线段点数相同的结论。

依据这一规则，可以进一步得出：一个平面上的所有点数等于一条线段上的所有点数这一惊人结论。为了论证结论的合理性，我们仍旧假设一条长度为 1 英寸的线段 AB，以及一个正方形 CDEF（如图 7）。

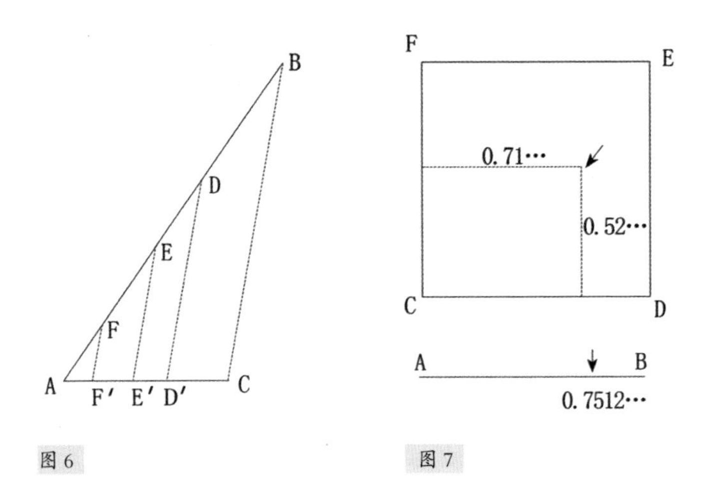

图 6　图 7

我们用小数 0.75120386…来表示线段上的某点，然后将小数按照位次的奇偶进行拆分，就会得到小数 0.7108…和 0.5236…

然后，以这两个小数为横、纵坐标，就可以找到线段 AB 在正方形 CDEF 内的对应点。反之，若正方形 CDEF 内有一点，坐标为 0.4835…和 0.9907…，那么它在线段 AB 上的对应点就是小数 0.49893057…。

显然，只要重复以上步骤，我们就能将线段 AB 上的所有点和正方形 CDEF 内的所有点，一一对应起来：线段上的任何点都能对应到正方形中的某点，同样，正方形中的任何点也都能对应到线段上的某点，一一对应，无一剩余。所以，根据康托尔规则，正方形内的全部点数与线段上的全部点数，这两个无穷大数的大小完全相等。

我们还可以用同样的方法，证明一个正方体内的全部点数等于一个正方形内的全部点数，也等于一条线段上的全部点数。只要把代表某一点的无限小数拆分成三个小数[1]，然后以这三个小数为坐标，找到正方体中的对应点即可。根据线段上点的个数与线段长度无关，可以推知，任何立方体、正方形内点的个数也都和它们的大小尺寸毫无关系。

尽管几何点的数量远远大于整数和分数的个数，但它仍旧不是数学家所知的最大数字。事实上，曲线的种类——所有千奇百怪的曲线都包括在内——比几何点的个数要大。因

① 将小数 0.735106822548312…，分为小数 0.71853…、小数 0.30241…和小数 0.56282…——作者注

而，我们使用第三级无穷大数对其进行描述。

“无穷数学”的创始人康托尔提议，用希伯来字母א（Aleph）来代表无穷大数，标注在字母的右下角的数字则代表这个无穷大数的级数。因而，我们可以写出这样一个包含无穷大数的数列：

$$1, 2, 3, 4, 5, \cdots \aleph_0, \aleph_1, \aleph_2, \aleph_3, \cdots$$

如果我们说“一条线段上的点数总计$\aleph_1$个”，或者“世界上的曲线共有$\aleph_2$种”，就和我们说“地球共有7个部分”，或是“一副扑克共有52张”没有区别。

还有一点值得注意，那就是，无穷大数以极快的速度增长，远远超过人类能想象到的现实应用。如前所述，$\aleph_0$代表全部整数的个数，$\aleph_1$代表全部几何点的个数，$\aleph_2$代表曲线的全部种类。但是，时至今日，$\aleph_3$究竟代表何物，尚未有人找出，仿佛我们能够想象的所有事物都可以被前三个级别的无穷大数代表。这一情形，和最多数到3却生了一群儿子的霍屯督人截然相反。

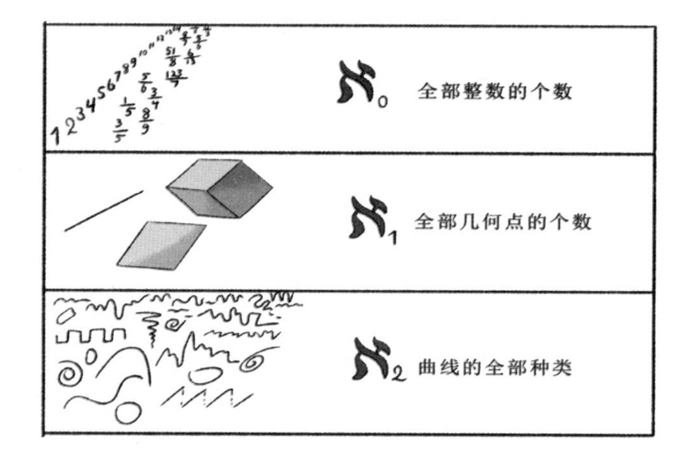

图 8 无穷大数的头三级

第2章　自然数和人工数

一、最纯粹的数学

在人们心中，尤其是数学家心中，数学始终是科学界地位最尊崇的“皇后”。身为“皇后”，数学基本不会与其他学科产生关系，那样有些自降身价。所以，在某届旨在弥合两派数学家间隙，名为“纯粹数学和应用数学联合大会”的会议上，数学家希尔伯特曾受邀演讲，他说道：

纯粹数学：相对于应用数学而言，又称基础数学，是一门专门研究数学本身规律，不以实际应用为目的的学问，以严格、抽象和美丽著称。纯粹数学以数论为代表。

人们常常认为，纯粹数学与应用数学水火不容，但这严重偏离了事实。它们二者从来都不是对立的，过去不是，现在不是，将来亦不是——毕竟纯粹数学与应用数学之间没有任何相同点。

虽然数学家都在努力使数学保持其超然物外；但是，以物理学为代表的其他学科，却对数学趋之若鹜。时至今日，不得不承认，包含诸如抽象群理论、不可逆代数、非欧几何学等最纯粹、最无应用价值的理论在内的纯粹数学的全部分支，都已经成为科学家解释物理世界的一个又一个工具。

数论：早期称为算术，20世纪以后才开始使用“数论”的名称。数论是专门研究整数的纯数学的分支。由于它在数学原理中的基础地位，被称为“数学女王”。

然而，时至今日，身为最古老、最精妙的数学思想产物的纯粹数学理论，依然是数学学科中坚守“无用之用”的一大体系。这套名为“**数论**”（此处的数特指整数）的理论，被冠以“纯粹之王冠”的殊荣，因为除了对人的智力进行锻炼之外，它没有任何用处。

让人诧异的是，从某些角度来看，数学科学中最为纯粹的数论，竟然是一门经验甚至实验科学。然而，大多数数论命题来源于实践，也就是说，人们想用数学做些事情。这和物理学家想用物质对象做些事情，然后发现了物理学定律，并没有什么不同。二者的另一个相似点在于，虽然数学家在“数学上”证明了一些数学定理，但是仍有许多定理尚未跨越纯粹的经验阶段，正等待着最优秀的数学家们为之努力。

接下来，我们以质数问题为例。所谓质数是指那些不能被 1 和它本身之外的整数整除的数字，譬如 1，2，3，5，7，11，13，17……数字 12 可分解为 2×2×3，所以不是质数。

质数的个数是否无穷？最大质数是否存在，即大于最大质数的所有数字都能分解为已有质数的乘积？最早思考这个问题的是欧几里得[1]，他简单优雅地证明了世界上的质数是无限的，“最大质数”并不存在。

---

① 欧几里得（Euclid），约生于前 330 年，卒于前 275 年，是古希腊著名数学家，有“几何之父”的称号，著作《几何原本》奠定了欧洲数学的基础。——译者注

为了证明这一结论，我们需要先假设质数个数有限，并用 N 表示那个最大质数。接下来，我们将所有质数相乘，然后加 1，列式如下：

$$(1\times2\times3\times5\times7\times11\times13\times17\times\cdots\times N)+1$$

显然，用这个式子计算出的结果远大于假设的最大质数 N，并且这个数字无法被小于等于 N 的任一质数整除。因为这个式子已经清楚地说明了，不论用哪个质数去除它，最后总会余 1。

由此我们得出如下结论：这个数要么是个质数，要么就能被一个比 N 大的质数整除；无论是哪一结论，都和我们假设的“N 为最大质数”的前提相矛盾。

这是一种数学家常用的证明方法，名为“**反证法**”或者“归谬法”。

现在我们已经知道，的确有无限个质数，接下来，我们就会进一步问自己：有没有一种简单的方法，能够写出全部

反证法：又称“逆证”，属于“间接证明法”，是从反方向证明的证明方法，即：肯定题设而否定结论，经推理得出矛盾，从而证明原命题。

质数? “筛分法” 是古希腊哲学家、数学家埃拉托色尼首创的、解答这一问题的方法: 首先，你要写下全部整数，然后将能被 2 整除的数字全部删去，接下来删去的是能被 3、5 等等数字整除的数字。图 9 向我们展示了运用埃拉托色尼的 “筛分法” 筛分 100 以内自然数的情况，最终筛出了 26 个质数。运用筛分法，目前，10 亿以内的质数表已经列示出来了。

图 9

若有一个能够自动筛选质数的公式，那么事情就会更加简单、快捷。遗憾的是，努力几百年，仍没人能找出这一公式。1640年，法国杰出的数学家费马，找到了一个公式，他认为运用这个公式计算出的所有结果都是质数。

费马公式：$2^{2^n}+1$，n代表1，2，3，4等自然数。

将自然数1，2，3，4代入公式，计算可得：

$2^{2^1}+1=5$,

$2^{2^2}+1=17$,

$2^{2^3}+1=257$,

$2^{2^4}+1=65,537$.

结果确实都是质数。然而，德国数学家欧拉在大约一个世纪后指出，当n为5时，费马公式的运算结果不是质数（$2^{2^5}+1=4,294,967,297$），因为它可以分解为6,700,417和641两个数字的乘积。就此，费马公式被欧拉证伪。

n^2-n+41 是另外一个能计算出大量质数的公式。

在这个公式中，如果 n 的取值为 40 以内的自然数，那么计算结果均为质数；遗憾的是，当 n 的取值为 41 时，公式失灵，结果不再是质数。因为：

$(41)^2-41+41=41^2=41\times41$，

这显然不是质数，而是一个平方数。

另一个公式如下：

$n^2-79n+1601$，

在这个公式中，要想结果为质数，n 的取值范围必须是 79 以内的自然数；当 n 取值 80 的时候，公式失灵！

所以，时至今日，仍未找到一个结果均为质数的通用公式。

诞生于 1742 年的"哥德巴赫猜想"是数论中另一个既未

证明，又未证伪的定理，这一定理的命题是：任何一个偶数都可分解为两个质数的和。我们很容易用一些简单数字验证这一定理，例如 12=7+5，24=17+7，32=29+3。尽管数学家们在这一领域煞费苦心，但这一定理至今仍未被证明，亦未被证伪。时至 1931 年，俄国数学家史尼雷尔曼向着证明哥德巴赫猜想跨出了关键一步：他证明了任何偶数都可以被分解为 300，000 个以内的质数的和。此后不久，俄国数学家维诺格拉多夫将“300，000 个以内”的范围大大缩小到“4 个”。谁也无法得知，要实现从“4”到“2”的最后突破，这最艰难的两步，证明或是证伪，尚需多少年，抑或是多少世纪[①]。

哥德巴赫猜想：1742 年，哥德巴赫在写给欧拉的信中提出了一个猜想：任一大于 2 的整数都可写成三个质数之和。这宣告了一个世界性数学难题的诞生。华罗庚是中国最早从事哥德巴赫猜想的数学家。1966 年，陈景润证明了“1+2”。

① 我国数学家陈景润朝着证明“哥德巴赫猜想”迈进了一步，经过研究，他证明了：任何偶数都能分解为一个质数与不多于两个质数的乘积之和（即“1+2”），这一成果为“哥德巴赫猜想”的证明做出了举世公认的重大贡献。成果刊登于 1973 年第二期的《中国科学》杂志。——译者注

由此可见，我们距离发现一个输出结果全部为质数的公式，还有很长的路要走；而且，谁也无法确保这一公式是否真的存在。

那么，让我们将目光转向一个相对简单的问题之上吧：在一定数值范围内，质数所占比重是多少？随着数字范围的扩大，比例是恒定不变，还是上升或者下降？我们可以通过数质数的个数，来尝试解答这一问题。数过之后，我们看到，1 ~ 100 的数值范围中共有质数 26 个，1 ~ 1000 的数值范围中，共有质数 168 个，1 ~ 1，000，000 的数值范围中，共有质数 78，498 个，1 ~ 1，000，000，000 的数值范围中，共有质数 50，847，478 个，整理成如下表格：

数值范围 1 ~ N	质数数目	比率	$\frac{1}{\ln N}$	偏差（%）
1 ~ 100	26	0.260	0.217	20
1 ~ 1000	168	0.168	0.145	16
1 ~ 10^6	78,498	0.078 498	0.072 382	8
1 ~ 10^9	50,847,478	0.050 847 478	0.048 254 942	5

从表中可以直观地看出：随着数值范围的扩大，质数所占比重逐渐下降，但质数个数仍为无限。

那么，这种质数所占比重随着数值范围扩大而下降的趋势，是否可以用某种简单的数学形式加以表达呢？当然可以，描述质数分布规律的公式是整个数学领域最伟大的成就之一。它可以简练地表述为：在 1 到任意大于 1 的自然数 N 这一数值范围内，质数所占比重可大致表述为 N 的自然对数[①]的倒数。且 N 的取值越大，二者相差越小。

与数论领域中很多定理一样，数学家们在实践经验中提出质数定理，且长久以来，无法用严谨的数学论证对其进行证明。一直到 19 世纪末叶，法国数学家阿达玛和比利时数学家普森才攻克了这一难题，但证明的方法极其复杂繁难，我们就不再多费笔墨。

讨论整数，费马大定理是个无论如何都绕不过去的话

① 简而言之，某数的自然对数等于其常用对数和固定因数 2.3026 的乘积。——作者注

题，尽管它看似和质数性质无甚相关。讨论这个话题，就要追溯到古埃及时期，在当时，任何一个好木匠都清楚，如果三角形三条边的长度比是 3 ： 4 ： 5，那么这个三角形必然会有一个直角。实际上，这样的三角形就是古埃及人的木工矩尺[①]，因而被命名为埃及三角形。

3 世纪，古希腊亚历山大的数学家丢番图开始对此进行更深入的思考：两个整数的平方和等于第三个整数的平方，这样的数字是否只有 3，4，5 一组？最终，他找到了除 3，4，5 之外的满足条件的 3 个整数组合（实际上，有无数个符合条件的组合），并总结出了一套寻找此类组合的通用法则。如今，我们称之为**毕达哥拉斯**三角形的就是这种三边均为整数的直角三角形。我们用一个代数方程来表达毕达哥拉斯三角形的三边关系，这个方程中的 x，y，z 均为整数；方程式为：

毕达哥拉斯（约前 580—约前 500 年）：古希腊数学家、哲学家，坚持数学论证从“假设”出发，开创演绎逻辑思想，对数学发展影响深远。

① 初等几何中的毕达哥拉斯定理证明了 $3^2+4^2=5^2$——作者注（我国古时候的勾股定理，也是此理。——译者注）

$x^2+y^2=z^2$。①

1621 年，费马在巴黎购买了一本丢番图著作《算术学》的最新法文译本，书中内容涉及毕达哥拉斯三角形。费马读到此处，将一段简短的批注写在了数页边缘，他指出代数式 $x^2+y^2=z^2$ 有无限组整数解，代数式 $x^n+y^n=z^n$，n 的取值大于 2 时，无解。

此外，他还写道："我已经想到了绝佳的证明方法，遗憾的是空间不够，不能全部写下。"

---

① 丢番图的通用求值法则为：取 a，b 两数，使得 2ab 是一个完全平方数，令 $x=a+\sqrt{2ab}$，$y=b+\sqrt{2ab}$，$z=a+b+\sqrt{2ab}$。

依照这个揭发，我们可以写出所有满足条件的数字组合，其中前几组如下：

$3^2+4^2=5^2$（埃及三角形）

$5^2+12^2=13^2$

$6^2+8^2=10^2$

$7^2+24^2=25^2$

$8^2+15^2=17^2$

$9^2+12^2=15^2$

$9^2+40^2=41^2$

$10^2+24^2=26^2$

费马辞世之后，后人在他的书房中发现了这本书，他的批注也因此流传开来。此后的三个世纪，全世界最顶尖的数学家都费尽心力地想要重现这一证明过程，但都徒劳无果。不过，也不算毫无收获，一个名为“理想数论”的全新数学分支就诞生于证明费马公式的过程之中。欧拉证明了代数式 $x^4+y^4=z^4$ 和 $x^3+y^3=z^3$ 不存在整数解；此后，狄利克雷[①]同样证明了 $x^5+y^5=z^5$ 没有整数解；在其他众多数学家的共同努力之下，目前，已经确定，n 的取值在 269 之内时，费马公式都不存在整数解。遗憾的是，尚未有人能将 n 的取值范围扩展到任意整数[②]。人们普遍认为，若不是费马的证明过程有误，就是他从未成功证明过这一猜想。在当时，甚至有人以 10 万德国马克为赏金，只为求证费马猜想。一时间，费马定理掀起热潮，然而，那些垂涎赏金的业余数学家们无不悻悻而归。

当然，费马猜想仍有错误的可能，只需找到一个使得两

① 约翰·彼得·古斯塔夫·勒热纳·狄利克雷（Johann Peter Gustav Lejeune Dirichlet），生于 1805 年，卒于 1859 年，德国数学家，创立了解析数论，并对函数论、位势论和三角级数论做出卓越贡献。——译者注

② 事实上，1994 年，英国数学家安德鲁·怀尔斯证明了费马定理。——译者注

个整数的某高次幂之和与第三个整数的同次幂相等的幂值即可。根据目前的成果，这个幂值不可能小于 269，所以寻找的过程并不简单。

二、神秘的$\sqrt{-1}$

接下来，让我们把目光转向高等算术。2 乘 2 等于 4，3 乘 3 等于 9，4 乘 4 等于 16，5 乘 5 等于 25，所以说 4 的算术平方根为 2，9 的算术平方根为 3，16 的算术平方根为 4，25 的算术平方根为 5[①]。

可是，应当如何计算负数的算术平方根呢？$\sqrt{-5}$及$\sqrt{-1}$存在的意义是什么？若你足够理性，大概会说，没有任何意义。借用 12 世纪印度数学家婆什迦罗的话来说，就是："无论正数负数，平方均为正数，所以任何正数都有一正一负两个平方根；负数不可能是平方数，因而也就没有平方根。"

---

① 同理，可以计算出其他数字的算术平方根，例如：因为 (2.236…) × (2.236…) =5.000…，所以$\sqrt{5}$ =2.236……；因为 (2.702…) × (2.702…) =7.3000…，所以$\sqrt{7.3}$ =2.702……。

不过，数学家们一般十分执着，若一个事物在公式中反复出现，即使这个事物毫无意义，他们也会努力为其赋予意义。负数平方根就是这样一个事物，它反复出现在古时候简单的算数问题之中，也现身于20世纪相对论框架下时空统一的问题之中。

16世纪的意大利数学家卡尔达诺[①]就是将其写入公式的“第一个吃螃蟹的勇士”。当时他在攻克这样一道难题：把10分成乘积为40的两个数。尽管在他看来，这个问题没有合理的解，但他仍然从理论层面找到了满足条件的解，虽然$5+\sqrt{15}$和$5+\sqrt{-15}$这一答案看起来比较奇怪[②]。

虽然在卡尔达诺看来，这两个出于幻想、虚构的式子毫

---

① 卡尔达诺（Jerome Cardan），生于1501年，卒于1576年，是意大利文艺复兴时期百科全书式的学者，在数学、物理、医学方面都取得了很大成就。——译者注

② 计算过程为：

$(5+\sqrt{15})+(5-\sqrt{-15})=5+5=10$,

$(5+\sqrt{15})\times(5-\sqrt{-15})$

$=(5\times5)+5\sqrt{-15}-5\sqrt{-15}-(\sqrt{-15}\times\sqrt{-15})$

$=(5\times5)-(-15)=25+15=40$。

无意义，但他还是写了下来。既然有人敢于将负数的平方根写于纸上，那么“把10分成乘积为40的两个数”这一问题也总算是有了答案，不论这个答案看起来是如何不真实，如何虚假。有人捅破了“负数平方根”这一窗户纸，人们借用卡尔达诺的修饰词将其命名为“虚数”，此后，越来越多的数学家不断地提高了它的使用频率。尽管这些人使用它时，诸多顾忌，有诸多托词。1770年，德国著名数学家欧拉在他的代数学著作中，多次使用虚数，但是他还是在附言中强调说：“$\sqrt{-1}$，$\sqrt{-2}$之类的虚数表达式，代表的是负数的平方根，都是子虚乌有的虚构数字，我们只能说，它们既非0，也非比0大，更非比0小，全然只是虚构的数字罢了。”

虽然诸多托词，但是在数学世界中，虚数还是成为如分数、根式那样的根本无法回避的元素。这一过程相当迅速，因为缺了它，你只能步履维艰。

你可以这样理解，所有虚数都是实数的虚幻镜像。所有虚数都可以由$\sqrt{-1}$构建得出，就像所有实数都可以由数字1构建得出一样，我们用符号i代表虚数的基数$\sqrt{-1}$。

因此便有，$\sqrt{-9}=\sqrt{9}\times\sqrt{-1}=3i,\sqrt{-7}=\sqrt{7}\times\sqrt{-1}=2.646\ldots i$，如是这般，任何一个实数都有虚数与之对应。因此，便有了$5+\sqrt{-15}=5+i\sqrt{15}$这样实数与虚数兼而有之的表达式。这类兼有实数和虚数的表达式名为复数，创造者正是卡尔达诺。

在虚数诞生后的二百年内，它始终充满神秘色彩，直至两名数学家将简单的几何意义赋予虚数之身，他们二人分别为来自挪威的测绘员维塞尔及来自法国巴黎的会计员罗伯特·阿尔冈。

他们二人用图 10 中的坐标图对如 $3+4i$ 这样的复数进行解释，将 3 视为横轴坐标，将 4 视为纵轴坐标。

事实上，任何实数，无论正负，都可以用横轴上的一个点来表示；任何纯粹的虚数也都可以用纵轴上的一个点来表示。我们用横轴上的 3 这个实数，来乘上虚数的基数 i，就可以得到一个位于纵轴上的纯粹虚数 $3i$。乘法过程表现在坐标中，就是位于横轴的实数 3 在坐标轴内沿着逆时针方向转动

90°（见图 10）。

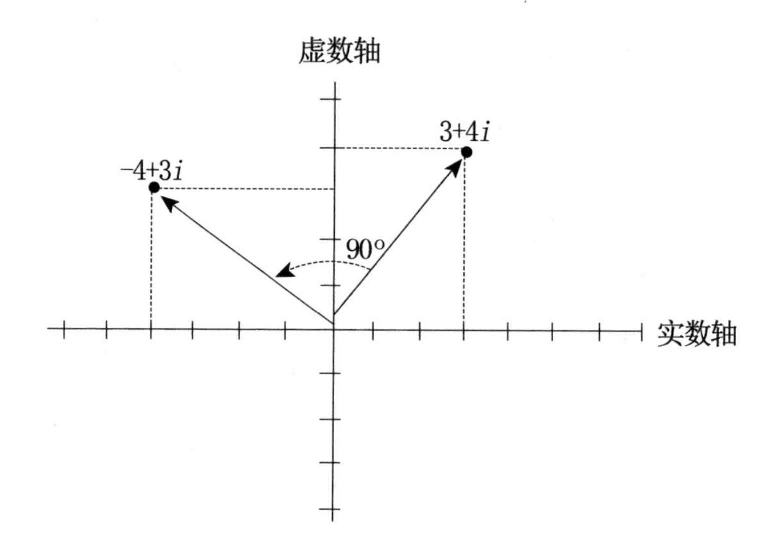

图 10

若用 $3i$ 再乘以虚数基数 i，反映在坐标中就是继续逆时针转动 90°，这次点位就回到了横轴的负数一端。由此可知：

$3i\times i=3i^2=-3$，也就是说 $i^2=-1$。

因而，我们就找到了一种更加简单的方式来表达“逆时针旋转两个 90° 相当于取负数”之意，那就是“i 的平方是 -1”。

复数也遵循同样的规则，用 $3+4i$ 乘 i，计算如下：

$(3+4i)\times i=3i+4i^2=-4+3i$。

在图 10 中很容易看到，$-4+3i$ 就是代表 $3+4i$ 的点位朝逆时针方向转动 90° 到达的点位。换而言之，从图 10 可知，一个数乘上 $-i$，就相当于顺时针转动 90°。

若在你心中虚数依旧充满神秘，那我们可以试着去用它解决一个简单的现实问题，或许能消减一些虚数的神秘感。

从前，有一个爱冒险的年轻人，他无意之中发现了曾祖父遗物中的一卷羊皮纸手稿，上面记载了一处神秘的藏宝地，原文如下：

“航行到北纬______度，西经______度[①]，一座荒岛进入眼帘。荒岛的北边是一片开阔的草地，草地上长着两棵树，一棵是橡树，一棵是松树[②]。草地上另有一座绞刑架，那是古时候处决叛徒的刑具。现在，自绞刑架开始，向橡树走去，记住步数；然后右转 90°，走相同的步数，在落脚处钉下第一根木桩。回到绞刑架处，向松树走去，记住步数；然后左转 90°，走相同步数，在落脚处钉下第二根木桩。宝藏就藏在两个木桩连线的中点之下。”

手稿的记载清晰且明确，这个年轻人立即租了条船，驶入大海。他上了岛，找到了草地，看到了橡树和松树。遗憾的是，在风雨的侵袭下，绞刑架早就消失在了岁月的长河之中，归于尘土，难觅踪影。

年轻人绝望至极，在绝望的支配下，他四处乱挖，可是荒岛实在是太大了，他什么都没有找到！他的干劲儿被绝望耗尽，便两手空空地启程返航了。或许，神秘的宝藏至今仍

① 文稿中有具体的经纬度数，为防泄密，文中便删去了。——作者注

② 同样出于保密考虑，我更换了树种。热带岛屿上本就树木种类繁多。——作者注

静静地躺在荒岛之下。

这个故事满是悲伤，但更为悲伤的是，若是年轻人掌握点数学知识，尤其是关于虚数的知识，那么宝藏早就归他所有了。虽然时过境迁，于事无补，但我们还是试着帮他找一找那神秘的宝藏吧！

首先，我们假设荒岛是一个复数平面，我们将松树、橡树的连线作为实轴，然后过两树连线的中点作垂线，也就是虚轴（见图 11），并假设两树距离的一半为单位 1。现在，我们可以说，橡树的位置在实轴上的 -1 点位，松树的位置在实轴上的 +1 点位。绞刑架的位置无从得知，就用看起来像个绞刑架的希腊字母 Γ（Gamma）来表示吧！我们无法确定绞刑架是否位于实轴或者虚轴，所以必须把 Γ 看作复数：$\Gamma=a+bi$；a、b 定义见图 11。

图 11 虚数的应用之寻宝

如果还没有忘记虚数的乘法法则，那么我们就来用它进行简单运算吧！如前所述，绞刑架的坐标是 Γ，橡树的坐标是 -1，两者之间的距离和相对位置可写作：$-1-\Gamma=-(1+\Gamma)$。

同理，绞刑架和松树的距离可写作 $1-\Gamma$。现在，我们需要将这两条线段分别按照顺时针（向右）和逆时针（向左）的方向转动 90°，也就是说，分别乘以 $-i$ 和 i，两根木桩的位置便由此得出，即：

第一根木桩：$(-i)\{-(1+\Gamma)\}+1=i(\Gamma+1)-1$

第二根木桩：$(+i)(1-\Gamma)-1=i(1-\Gamma)-1$

如藏宝图所述，宝藏位于两根木桩连线的中点位置，因而，我们需要将以上两个复数相加再除以 2，也就是：

$$\frac{1}{2}[i(\Gamma+1)+1+i(1-\Gamma)-1]$$

$$=\frac{1}{2}(i\Gamma+i+1+i-i\Gamma-1)=\frac{1}{2}(2i)=+i。$$

结果显示，Γ 代表的绞刑架已在计算中被抵消，所以宝藏的位置与绞刑架无关，始终都在点 $+i$ 的位置。

如此说来，若那个爱冒险的年轻人略懂一些数学计算，大可不必大费周章地四处挖掘，只需在图 11 中“×”字处开始挖掘，就必然能挖到宝藏。

若你仍然对此将信将疑，那就拿出一张纸，随意画两个点代表松树、橡树的位置，然后随意假定几个绞刑架的位置，再遵照藏宝手稿中记载的提示，开始寻宝。最后，现实会告诉你，无论绞刑架的位置如何变化，宝藏始终都在 $+i$ 的位置。

-1 的平方根这一虚数，带给我们的宝藏远不止于此，由它，科学家们还发现了：普通三维空间结合时间即可形成四维空间坐标。这一令人称奇的科学宝藏，我们会在其后介绍爱因斯坦和相对论的章节对其进行论述。

第二部分　空间、时间和爱因斯坦

第3章　空间的不寻常属性

一、维度与坐标

人人都明白空间为何物，但若是有人让你定义“空间”，你就会略显尴尬、无所适从。或许我们会说，空间就在你我周围环绕，我们可以在其中向着前后、左右、上下各个方向移动。这三组相互独立且垂直的方向，体现了环绕四周的物理空间最基本的性质——空间是三维的。我们可以用这三组方向来确定空间中的任意位置。假设我们来到一座不太熟悉的城市，向酒店前台打听某家著名公司的位置，得到的回答也许是：“您出门向南走上5个街区，右转继续走上2个街区，然后上 7 楼。”以上对话中的 3 个数字，就是我们通常所说的坐标，它向我们描述了作为起点的酒店大堂、作为路径的城市街道及作为终点的建筑楼层，这三者之间的关系。显然，不论从何处出发，只要有一套能够正确描述起点与终点关系的坐标系，我们总能找到目的地。同理，以新旧坐标的相对位置为依据，经过简单的数学运算，我们就可以将旧目的地用新坐标加以表示，这个过程就是坐标转换。还有一点需要补充的是，三个坐标未必都是数字形式；在某些案例中，使用角坐标实际上会更加便捷。

例如，在纽约市，一般都是用横平竖直的街道、马路这一直角坐标系来描述位置；但是，在莫斯科，却常用极坐标系来描述位置。古老的莫斯科城是以克里姆林宫为中心发展建设而来，街道以城堡为中心，向四周辐射延伸，城区同时建有数条同心圆状的环形大路，因而人们习惯用“克里姆林宫西北偏北 20 个街区”这样的坐标来描述一幢房子的位置。

华盛顿特区的海军部大厦和国防部的五角大楼是关于直角坐标系和极坐标系的另一经典案例，若是大家关注战事，一定不会对这两幢建筑感到陌生。

如图 12 所示，我们向大家展示了用三种坐标系来表示空间点位的三种方法，有些用直角坐标系，有些用极坐标系。但不论采用何种坐标系，表示一个位置都需要三个数字，这是因为我们论述的是三维空间问题。

五角大楼：美国国防部办公大楼，位于华盛顿哥伦比亚特区西南部，因建筑物为五角形而得名，是世界最大单体行政建筑。“五角大楼”一词不仅代表建筑本身，也用作美国国防部，乃至美国军事当局的代名词。

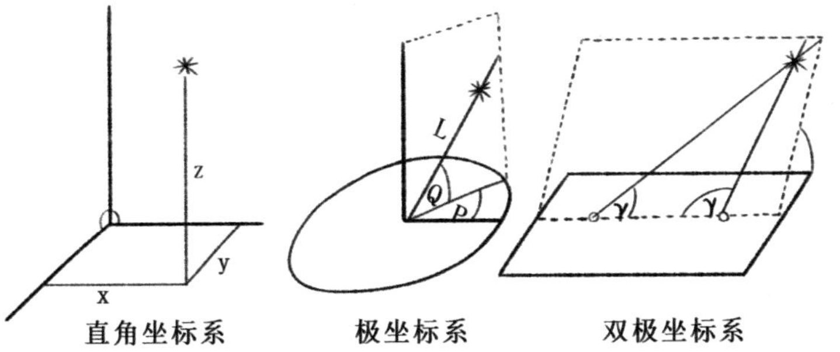

直角坐标系　　极坐标系　　双极坐标系

图 12

那些对三维空间习以为常的人，很难理解大于三个维度的超空间（这样的超空间是真实存在的，后面即将论述），却很容易理解小于三个维度的空间。无论是平面、球面，还是其他任何面，其上的点位都能用两个数字表示，所以它们都是二维空间。同理，无论直线、曲线，只要是线，其上的点位都能用一个数字表示，所以它们都是一维空间。我们可以将点看作零维空间，因为一个点仅是一个点、一个位置。可是，有哪个人会对点产生兴趣呢？

我们是三维生物，对于可从外部观察到的线和面，理解它们的几何属性毫无难度；可理解将我们环绕其中的三维空间，难度就陡然增加了。知道了这一点，你就能明白，自己为何能不费吹灰之力地理解曲线和曲面，却会惊讶于空间弯曲。

不过，只需稍加练习实践，对“曲线”一词的真正含义进行深入的理解，你就会发觉，理解“弯曲三维空间”这一概念也没什么难度。待到下一章末尾，你甚至能够毫不费力地谈论“弯曲四维空间”这一初见非常骇人的概念。

为此，让我们从普通三维空间、二维面、一维线的特性开始，进行思维训练吧！

二、不计量的几何学

上学时我们都曾学过一门通过长度、角度等众多的数量关系（比如，著名的毕达哥拉斯定理，描述的就是直角三角形的三边长度之间的数量）来度量空间的学科，这就是几何学[①]。然而，实事求是地说，几何学中许多十分重要的基本性质，无须以长度、角度的数值为基础；这一分支就是拓扑学（topology），又名位相几何学（analysis situs）。[②]

拓扑学：最早指研究地形、地貌的学科，后来发展成为研究几何图形或空间在连续改变形状后依然保持不变的一些性质的学科。

① 英语中的几何学写作“geometry”，由两个古希腊词语合成，ge是“土地”的意思，metrein是“测量”的意思。显然，在这个词语诞生之初，人们对几何的兴趣与土地息息相关。——作者注

② 这两个分别来自古希腊语和古拉丁语的词语，都是“位置研究”之意。——作者注

我们用一个简单的典型例子，来认识一下拓扑学。首先，想象一个封闭的几何面，例如一个球，它被不同的线条分割成了许多区域。要想得到这样的图形，我们需要在球面上任意选几个点，然后将这些点用不相交的直线连起来，如图 13 所示。那么，请你思考一下，最初的点数、将区域一分为二的线段数和连线分割后的封闭空间数，这三个数字关系如何?

我们首先需要明确的是，若将球面更换为略显扁平的南瓜，抑或是更为长圆的黄瓜形状，其上点、线、面的数量都不会发生任何变化。事实上，这一判断适用于所有形状的封闭空间，无论你是挤压，还是拉伸，或者扭曲，只要不切割，就不会对我们的答案造成任何的影响。拓扑学的这一特性和普通几何学中的数值关系（例如，长度与面积、体积的关系）截然不同，形成了鲜明对比。无论是将正方体压成平行六面体，还是将球体压成饼状，普通几何学中的各项数值关系都会产生巨大改变。

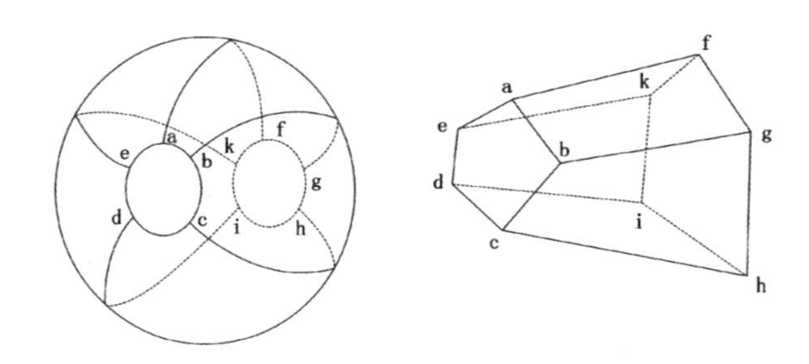

图 13 被线段划分成多个封闭区域的球面变成多面体

如图 13 所示，我们将被线段划分成多个封闭区域的球面的各个区域分别压平，最终将会得到一个多面体。最初那些随意点出的点变成了多面体的顶点，各点相连、分割球面的线段成了多面体的棱。

如此一来，开头的问题就变成了本质相同、表述不一的如下问题：对于多面体而言，无论其形状如何，其顶点、棱、面的个数之间有何关系？

图 14 向大家展示了五个正多面体（正多面体中任意面的棱数和顶点数都相同），还有一个形状随意的不规则多面体。

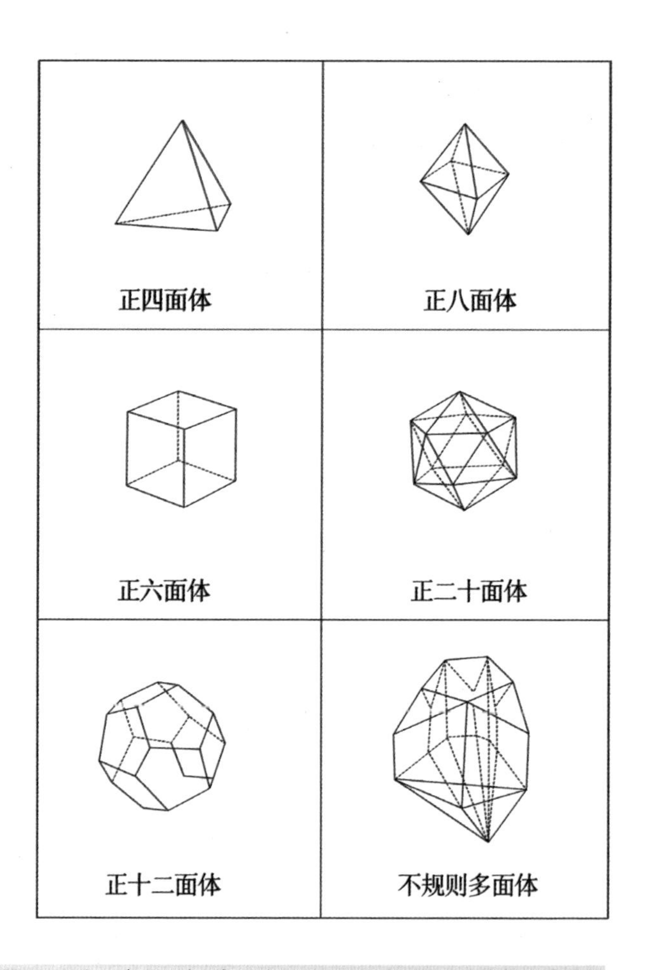

图 14 五个正多面体（全部可能仅限这五种）以及一个不规则多面体

动手数一下，每个几何体的顶点数、棱数、面数，观察一下三者之间有何关系。

通过简单的计数，我们可以得出如下表格：

名称	顶点数量 V	棱数量 E	面数量 F	V+F	E+2
四面体	4	6	4	8	8
六面体	8	12	6	14	14
八面体	6	12	8	14	14
正二十面体	12	30	20	32	32
正十二面体	20	30	12	32	32
不规则多面体	21	45	26	47	47

粗略地看前三列（V，E，F）数字，仿佛没有特定关系，但只要认真观察一下，你就会发现，V 和 F 列的相加结果总是等于 E 列加上常数 2，用数学式表达，即为：

$$V+F=E+2$$

那么，只有图 14 中的五类正多面体符合这一等式，还是任意多面体都符合这一等式？我们可以再尝试着画出几个图 14 之外的多面体，数一下顶点数、棱数和面数，就会发现，它们也符合上述等式。显然，V+F=E+2 是拓扑学中普遍使用的数学定理，这一等式和棱的长度、面的面积没有任何关系，只与三个不同的几何单位（顶点、棱、面）的数量相关。

笛卡尔（1596—1650 年）：法国哲学家、数学家、物理学家，对现代数学的发展做出了重要贡献，被誉为“解析几何之父”。

最早发现这一等式的是法国著名数学家笛卡尔，当时是 17 世纪。而后，另一位天才数学家欧拉严格证明了这一等式，因此，这一等式被称为欧拉定理。

我们引用柯朗和罗宾的大作——《什么是数学？》[1] 一书中的内容，来重现一下证明过程：

“证明欧拉公式，需要我们发挥想象，在头脑中形成一个简单的多面体，这个多面体是由薄薄的橡胶膜覆盖而成的空心体（详见图 15a）。接来下我们切掉它的一个面，将剩余部分展开摊平（图 15b）。需要明确的是，这一过程只改变了面

① 首先，向柯朗、罗宾博士及牛津大学出版社致谢，感谢他们的授权引用。读者如果因为本书中的基本案例而对拓扑学产生了兴趣，可以读一读《什么是数学？》，书中内容更加详尽。——作者注

的面积、棱与棱的角度，却没有改变多面体的顶点数和棱数，只是面数因为切掉而减少了一个。接下来，我们只需要证明，在展开的平面中，V-E+F=1；那么在原立方体中加上切掉的面，自然就会得出：V-E+F=2。

“首先，我们给图中非三角形的多边形加上一条对角线，使其成为三角形；这一过程会使得 E、F 的值同时加 1，因而 V-E+F 的结果不发生任何改变。不断重复加对角线的过程，直至图中所有四边形被分为三角形（图 15c）。在全新的三角形的平面中，V-E+F 的值始终未曾发生任何变化，因为增加对角线对数学式的结果毫无影响。

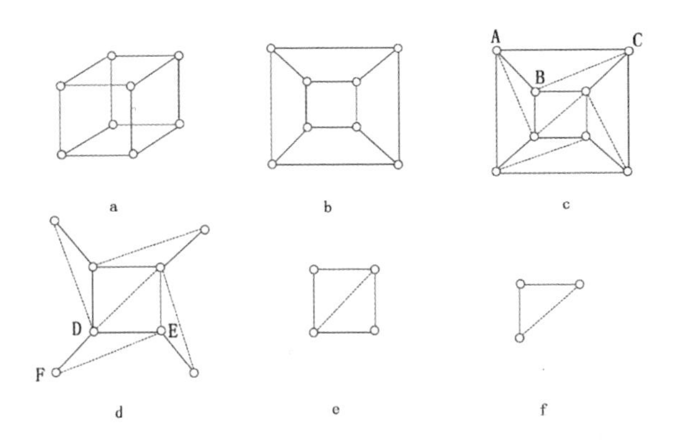

图 15 欧拉定理的证明过程。本图以正方体为例，但其结果适用于任意多面体。

“图中某些三角形的边在整个图形网络的边缘，某些如△ ABC 一样的三角形，只有一条边在图形网络的边缘，另有一些三角形两条边都在图形网络的边缘。对于位于边缘的三角形，我们移除其位于边缘且不与其他三角形相交的棱、顶点和面（图 15d）。以△ ABC 为例，就是移除 AC 这条边及其面，只留下 A、B、C 三个顶点及 AB 和 BC 两边；以△ EDF 为例，就是移除边 DF、边 FE 及顶点 F。

“在移除△ ABC 之类三角形的顶点、面及边时，E、F 两列数值分别少 1，V 则没有变化，因而 V−E+F 依旧不发生任何变化；在移除△ DEF 之类三角形的顶点、面及边时，E 列数值减 2，F 列数值减 1，V 列数值减 1，因而 V−E+F 依旧不变。按照一定顺序，逐步移除所有边在边缘的三角形（边界随着移除过程不断变化），最终只会剩下单独一个有三边、三顶点、一面的三角形。在这个极其简单的三角形中，V−E+F=3−3+1=1。此前，我们已知，对三角形的移除不会影响 V−E+F 的值，由此便可以推知，在最开始的平面网络图形之中，V−E+F 的值等于 1。这就是欧拉公式的完整证明过程。”

正多面体有且仅有图 14 所示的五种类型，是欧拉公式充满趣味的推论之一。

仔细翻看上述讨论，或许你会注意到，在画出图 14 所示的各类多面体及证明欧拉定理的过程当中，我们都隐含了一个假设，这个假设限定了我们的选择范围。那就是：我们讨论的多面体都是没有孔洞穿透的；此处的“孔洞”，是指如甜甜圈上或者橡胶轮胎那般的孔洞，而非气球表面的孔洞。

要想理解得更加清楚，可以参考图 16。图中所示两个几何体，和图 14 中的图形都属于多面体。

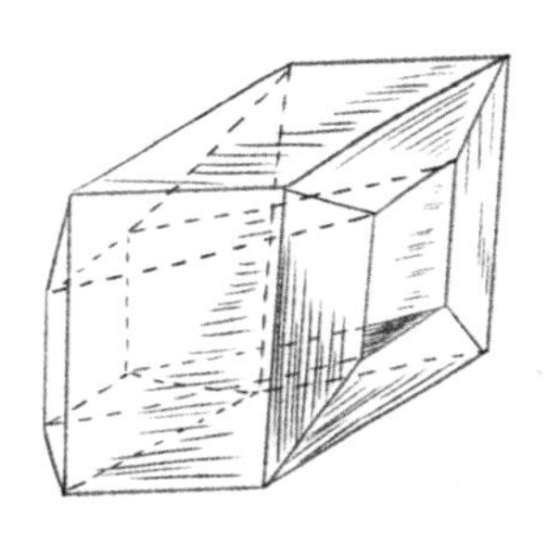
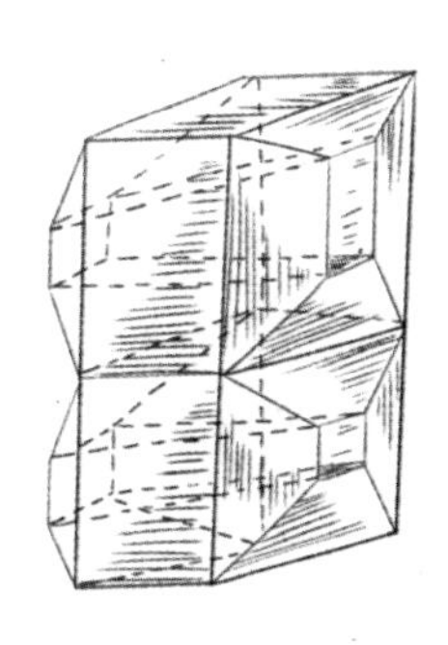

图 16 分别有 1 个、2 个孔洞的立方体。其面并不都是规则的矩形，不过一点在拓扑学中无足轻重。

接下来，让我们验证一下，这两个全新的立方体是否符合欧拉定理。

经过计数，位于左侧的多面体，共有16个顶点、32条棱、16个面，由此可得：V+F=32，但E+2=34。位于右侧的多面体，共有28个顶点、46条棱、30个面，由此可得：V+F=58，但E+2=48。显然不符合欧拉定理！

情况为何如此？为何这两个立方体不符合欧拉定理？

问题在于，我们证明欧拉定理时，必需的一步就是将多面体“切掉一面，将剩余部分拉开摊平，形成一个平面”。这一过程在前述的、如足球内胆一般的多面体上，操作起来十分顺畅。但是对于全新的、中空的、如橡胶轮胎一般或者其他更复杂形状的橡胶制品类的多面体而言，我们无法完成上述的必需步骤，因而这一类多面体也就无法满足欧拉公式。

若你手中有一个足球球胆，那么拿起剪刀减掉一块，很快就能将剩余部分拉开摊平。但若你手中拿的是橡胶轮胎，就算你努力万分，也没办法成功实现上述步骤。若图 16 无法让你承认这一点，你可以找一只旧轮胎，亲自动手试试！

不过，我们也不能就此认为这类复杂多面体的 V、E、F 三者之间没有特定关系。事实上，它们间存在着不同于前的另一种关系。甜甜圈状的多面体——科学的名称为环形多面体中，三者关系为：V+F=E；“蝴蝶酥”状的多面体中，三者关系为 V+F=E-2；以上两者的通用公式为：V+F=E+2-2N，N 代表孔洞的数量。

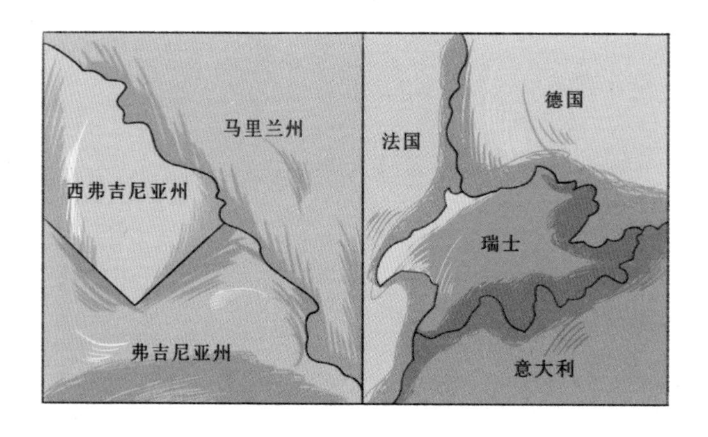

图 17　左图是马里兰州、弗吉尼亚州、西弗吉尼亚州的拓扑地图；右图是瑞士、法国、德国、意大利的拓扑地图。

所谓的“四色拼图”问题，与欧拉定理关系密切，是拓扑学中的另一个典型问题。若一个球面被划分为若干区域，我们要按照相邻部分（有共同边界即是相邻部分）不同色的规则来为其上色，那么需要的颜色至少为几种？显然，两种颜色并不足以完成目标，因为若三个区域交于一点之时（如图17，美国地图中，马里兰州、弗吉尼亚州、西弗吉尼亚州三州相交于一点），完成任务就需要三种颜色。

当然，需要四种颜色才能完成任务的案例也不难找到[①]。

无论如何尝试，想要在球面或平面上[②]，绘制一张需要四种颜色以上的地图，都无法实现。换而言之，无论地图多么复杂，要保证边界分明，最多只需四种颜色。

不过，若这一结论无误，那就应该能通过数学进行证明。

---

① 图17所示是瑞士被德国占领时期的瑞士地图。被占领之前，三色足矣：用绿色涂瑞士；用红色涂法国、奥地利；用黄色涂德国、意大利。——作者注

② 在涂色问题上，平面和球面并无差异，因为若能在地球仪上解决着色问题，只需在上色后的某地开个小洞，我们就能将球体展开成一个球面——这也是如上所述的拓扑学典型变换。——作者注

但遗憾的是，数学家们努力数代，都未能成功证明。因而，这一结论成了又一个典型的“无人怀疑却也无人能证明”的数学定理。目前，我们将欧拉公式应用在国家数量、边界线数量、三国交点、四国交点及多国交点，只在数学上证明了五种颜色足够。

鉴于论证过程过于复杂，与主题关系不大，我们就不再赘述。若读者对此兴趣浓厚，可以翻看拓扑学的书籍，在冥思苦想中度过一个“美妙的夜晚”(或许是彻夜难眠)。若有人能证明五种太多，只需四种颜色就能完成地图着色；抑或是他并不认可这一结论，亲自动手画出了无法用四种颜色完成的着色地图，那么只需完成上述任何一个任务，未来数个世纪之内，他的大名都将被镌刻在理论数学的青史之上。

虽然着色问题无法在平面和球面上得以证明，但却可以以简单的方法在更为复杂的甜甜圈、蝴蝶酥型的几何体表面得以证明，这一点十分讽刺。例如，已经成功证明，要给甜甜圈型的几何体上色，最多需要七种颜色；且现实中给出了一些的确需要七种颜色的实例。

若读者想要锻炼脑力，大可找来一个充满气的轮胎及七种颜色各异的油漆，试着画出一种七色相邻的图形。完成了这项任务，或许才能说“甜甜圈的着色，根本不在话下！”

三、翻转空间

截至目前，我们讨论的拓扑学特性都局限于二维空间的各种面；显而易见的是，对于我们每个人身处其中的三维空间，类似问题也同样存在。在三维空间之中，地图着色问题可以做如下表述：我们要搭建一个“空间马赛克”，要求任意相接的两个面，材质不同，形状各异，那么实现这一目标，至少需要多少种材质呢？

> 马赛克：发源于古希腊，是建筑上用于拼成各种装饰图案的片状小瓷砖。后来也指一种图像处理手段，它通过将影像特定区域的色阶细节劣化并造成色块打乱的效果，从而使图像无法辨认。

三维空间的着色问题，如何能和二维球面或甜甜圈型的几何体着色问题相对应？我们能否想象出一种特殊的三维空间，这个三维空间和我们身在其中的一般空间之间的关系，就如同球面或甜甜圈型几何体的表面与一般平面的关系一样？初看去，这仿佛是一个毫无意义的问题。事实却是，尽管我们能毫不费力地在脑海中勾勒出各种曲面，但却普遍认为三维空间只有我们身处之中、十分熟悉的这一种物理空间形式。然而，这种想法十分危险，颇具欺骗性。只需略微开一下脑洞，那些十分不同的三维空间就会浮现在脑海之中，它们和欧几里得几何教科书中提到的空间天差地别。

想象这类特别的空间面临的主要困难是，身为三维空间生物，我们不能像之前那样“从外部”观察各种曲面，而只能“由内部”观察空间。不过，只需一些思维锻炼，我们就能相对容易地去征服这些特别空间。

首先，试着想象一个性质类似球面的三维空间模型。需要明确的是球面的主要性质如下：球面面积有限却没有边界，它是曲面且自我封闭。我们能否在脑海中构建出一个自我封闭、体积有限却没有边界的三维空间？我们可以将其想象成两个球体，这两个球体如同苹果被限制在表皮之内一般被局限在自身球面之内。

接着，在脑海中，让这两个球体“相互重叠”，直至二者共享同一个外表面。当然，这并不意味着我们真的可以将两个类似苹果的球体相互重叠，挤成一个。如此，只会挤碎苹果，而不会让它们相互重叠、彼此穿透。

我们不妨想象一个被虫蛀过的苹果，虫蛀而成的蛀洞在苹果内部形成了一个复杂的通道。设想有一白一黑两只蛀虫，它们彼此憎恶，所以永远不会让自己的蛀洞和对方的蛀洞相交，哪怕蛀洞的起点在果皮上恰巧相邻。图 18 所示的是被两虫蛀咬后的苹果模型，苹果内部被两个通道填满，这两个通道彼此交缠且相互独立。虽然看上去两虫的通道紧密相依，但要想从一个通道进入另一个通道，只能回到表面。继续发挥想象，

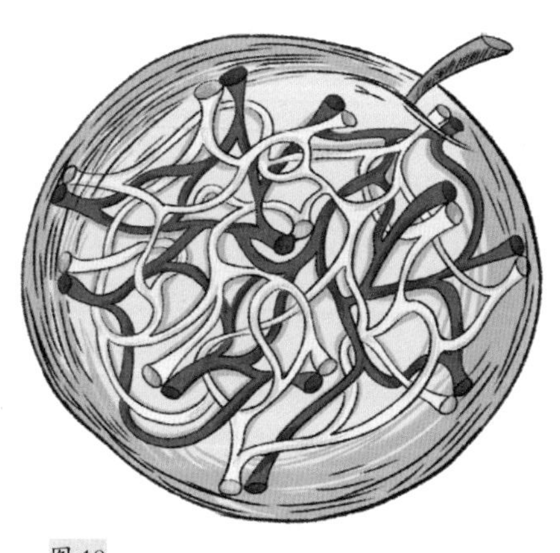

图 18

通道不断变细，数量不断变大，最终，整个苹果内部只剩两个独立通道相互交错，它们唯一的连接在苹果表面。

若你对虫子心生厌恶，那可以将模型想象成上届纽约世界博览会上的那个巨大的球体建筑；在建筑内部修建两套相互独立的通道和楼梯系统。每一套系统都能贯穿整个建筑，不过，若想从这套系统进入另一套系统的相邻位置，只能回到球体建筑的表面，重新进入另一系统，才能再次穿回。因此，我们说，这是两个相互交缠却互相独立的球体，这就好比你与好友近在咫尺，可真要见面握手，就只能绕行一大圈！有一点需要强调，实际上，两套系统的连接点和球体内部的所有点都没有任何不同，因为我们随时可以改变球体的形状，可以将原来位于表面的连接点拉到球体内部，将原来在内部的连接点拉到表面。需要强调的第二点是，虽然两套系统中的通道长度有限，但不存在“死胡同”。你可以随心所欲地在通道、楼梯通行，不会碰到任何挡路的墙壁或围栏；只要走得足够远，最终必然会回到起点。从外部视角来看，不过是因为通道盘绕成球形，所以穿过迷宫的人总会回到最初的起点；但于身处其中，甚至不知“外部”为何物的人而言，这就是一个体积有限却没有任何边界的空间。这种没有边界、体积有限的"自我闭合的三维空间"在讨论宇宙性质时尤为重要，这一点将会在下一章得以印证。事实上，就目前最厉害的望远镜的观测结果而言，在十分遥远的远方，空间仿佛开始了弯曲，表现出明显的自我闭合倾向，就如同我们上例中提到的虫子在苹果内部蛀咬而成的通道一样。不过，在探讨这些振奋人心的问题之前，我们得先了解一些空间的其他性质。

关于苹果和虫子的话题尚未完结，接下来需要思考的是，这个被虫蛀过的苹果有无可能变成甜甜圈？当然，这并不是指它的味道，而是说它的形状看起来像甜甜圈一样。毕竟，我们的主题是几何学，而非厨艺。假设我们手中有一个如前所述的"双苹果"，它们"相互穿过、彼此重叠"，表皮"紧紧贴合"。假设一条虫子在其中一个苹果内部蛀出了一条图 19 所示的那样宽敞的环形通道。需要注意的是，虫蛀通道只属于一个苹果，而通道外面的任意点都同时归属于两个苹果，通道内部只剩下了未被虫蛀的苹果果肉。截至目前，"双苹果"拥有了一个如图 19a 所示的，由通道内壁构成的自由表面。

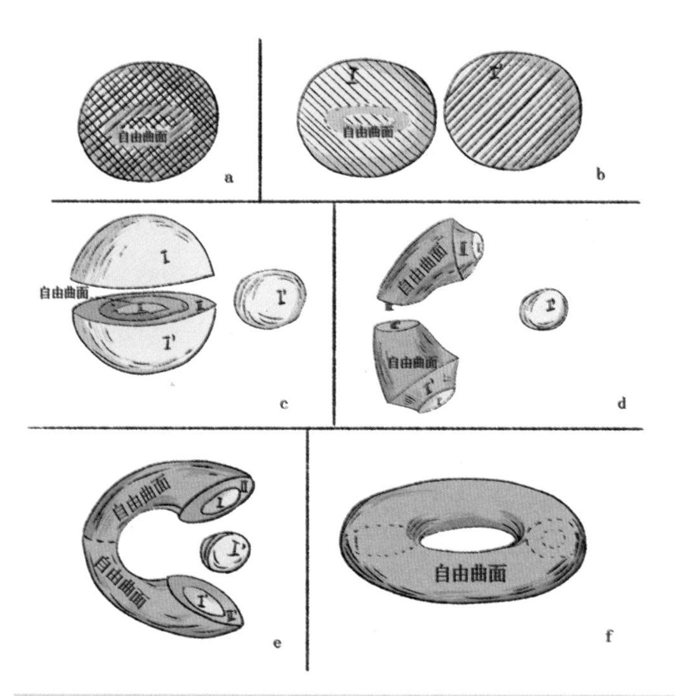

图 19 如何把被虫蛀的“双苹果”变成一个甜甜圈：这并非魔术，而是拓扑学！

你可以把这个被虫蛀的苹果变成一个甜甜圈吗？当然，我们假设苹果的材质具有可塑性，你可以随心所欲地将它揉圆捏扁，而不会将其弄断。为了操作上的方便，我们可以切开苹果，等完成变形后再将其黏合。

第一步，去除“双苹果”的表皮，让它们恢复成两个独立球体（图 19b），分别记为Ⅰ和Ⅰ′[①]，以便追踪位置，并在最后重新黏合。第二步，穿过虫蛀通道切开苹果（图 19c），如此一来便会产生两个全新切面，分别标记为Ⅱ、Ⅱ′和Ⅲ、Ⅲ′，以便稍后可以将其重新黏合。这一操作，同时暴露了通道的自由表面，在此后的步骤中它将变成甜甜圈的自由表面。第三步，将被切割的部分像图 19d 所示的那样反转拉伸，直到自由表面被拉到非常大的程度（不过，根据假设调减，苹果的材质具有非常强的伸缩性！）；在这个过程中，切割面Ⅰ、Ⅱ、Ⅲ的尺寸同时缩小。接来下，我们需要将“双苹果”中保持原貌、未被虫蛀的那个压缩成樱桃大小的尺寸。接下来需要做的，就是将切面重新黏合。首先，是黏合切面Ⅲ和Ⅲ′，这非常简单，完成后就会得到图 19e 所示的形状；其次，将缩小到樱桃大小的苹果放到上步形成的“钳口”之间，然后将“钳口”两端黏合起来。如此一来，球面Ⅰ′恰好与切面Ⅰ和Ⅰ′紧紧贴合，切面Ⅱ和Ⅱ′也会再次闭合。最终，一个光滑的甜甜圈就呈现在了你我眼前。

---

① 罗马数字Ⅰ代表“一”。——译者注

我们如此这般，意义何在?

事实上的确没什么意义，不过是做些思维锻炼，体验一把以想象为要义的几何学，以便对诸如弯曲空间及自我封闭空间之类不同寻常的概念多些理解罢了!

若你仍然想要发挥更多想象，那我们就“实际应用”一下上述过程。

你的身体之中就存在类似甜甜圈的结构，也许只是你从未想过这些！在现实中，所有生物在发育的初期（胚胎阶段）都会经历“胚囊”阶段，这是一个胚胎呈现球形，且其中贯穿有一条宽阔通道的阶段。我们通过通道一头吸收营养，通过另一头排出废物。发育成熟后，生物体内的通道变得形状窄细、结构复杂，不过运作原理始终如一，“甜甜圈”的几何特性也不曾改变。

那么，身为甜甜圈，就按照图 19 尝试一下反转吧：在脑海中，将自己的身体反转成为一个内有蛀洞通道的“双苹果”。你会发现，身体中那些相互交错的不同部分，形成一个

“双苹果”的果体，与此同时，包括地球、月亮、太阳、星星在内的整个宇宙都会被挤压到了苹果内部的环形通道之中！

你可以动手画一画，看看它的模样。若你画技超群，恐怕萨尔瓦多·达利[①]都会将你尊奉为超现实主义绘画艺术的权威！（图 20）

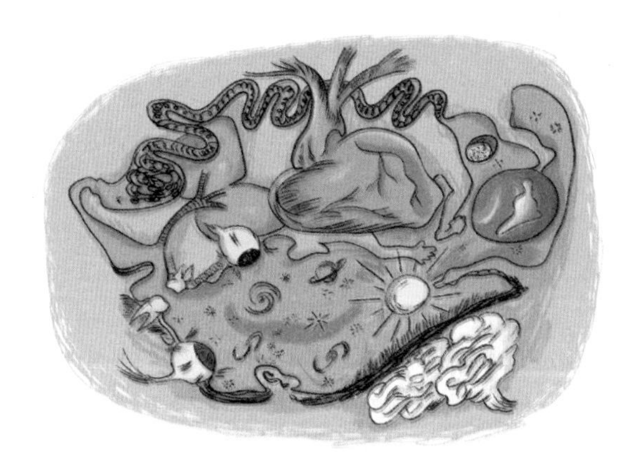

图 20 翻转的宇宙。这幅超现实主义画作，向我们展示了一个行走地面、仰望星空的人类。此画是按照图 19 中的方法，经过拓扑转换而成，所以，画中的地球、太阳和星星都挤在人体内部的狭窄通道之中，周围环绕着人体的内部脏器。

---

① 萨尔瓦多·达利（Salvador Dalí），生于 1904 年，卒于 1989 年，是西班牙著名画家，超现实主义大师，他与毕加索、马蒂斯被公认为 20 世纪最具代表性的三位画家。——译者注

尽管本节篇幅较长，但我们还是得讨论一下右手系、左手系物体，以及其和空间一般性质之间的关系，才能结束。讨论这一话题，最方便简单的办法就是从一副手套说起。若你找来一副手套（图 21），稍稍比较便会发现，两只手套的测量数据完全一致，只是你永远不能将左手的手套戴进右手，也不能将右手手套戴进左手，这便是不同之处。就算你费尽心思地翻动、扭转，右手的手套依然是右手的，左手的手套依然是左手的。右手系、左手系物体的差别十分常见，比如鞋子、汽车转向装置（美国左舵、英国右舵）、高尔夫球杆等等。

图 21 左手系物体和右手系物体看似相近，却大有不同。

就另一方面而言，诸如男式帽子、网球拍之类的物品却没有此类差别；人不会愚蠢到去商店订购一打左手专用茶杯，若有人让你向邻居借一把左手专用的扳手，那一定是在开玩笑。这两类物体的区别在哪儿？思索一下你就会明白，帽子、茶杯之类的物体具有对称性，沿着某个平面可以将其分成完全相同的两个部分。而手套、鞋子却不具有对称性，没有任何办法可以将其分成两个完全相同的部分。非对称的物体只有两类，要么归于左手系，要么归于右手系。不仅手套或高尔夫球杆等人造物上有此差异，自然界中此种差异也比比皆是。譬如两种除了建造房屋方式不同，其他方面完全相同的蜗牛，一种蜗牛壳上的螺旋顺时针旋转，另一种则是逆时针。即使是那些被称为分子的构成物质的微小颗粒，一般也存在类似于左右手套或者顺时针逆时针蜗牛壳那样的左旋、右旋两种形式。我们的肉眼自然无法看见分子，但是结晶形状及光学性质都能说明此种不对称性。比如说，糖分为左旋糖和右旋糖，以糖为食的细菌也分为两种，它们只吃和自己手系相同的糖。

图 22 生活于平面的二维“影子生物”。这些二维生物生活得不太“惬意”，因为平面上的人只有正面没有侧面，永远也无法把手中的葡萄放进嘴里。那头驴子倒是可以将葡萄吃进嘴中，但它只能向右走，要想向左唯有后退。虽然驴子后退并不鲜见，但总归不方便。

如上所述，仿佛我们无法将一个右手系物体（如手套）变为左手系物体。但，事实果真如此吗？是否可以通过想象某种奇妙空间，实现这种转换？为了解答这个问题，我们要从二维平面入手，以三维生物的视角加以观察。图 22 向我们展示了二维空间的两种生物，我们将手拿葡萄站立的那个人称为“正面人”，因其只有“正面”而无“侧面”。但是，站在他身旁的那头只有侧面的驴子，称为“侧面驴子”，或者更具体地将其称为“右视侧面驴子”。我们当然也能画出“左视侧面驴子”，这两头同处二维表面的驴子的差别和我们日常生活中左、右手套之间的差别一样，我们无法在平面上将二者完全重叠；要想使二者的鼻子、尾巴对应重合，只能掀翻其中一头驴子，让它四脚朝天，而不是稳稳稳当当地站在地上。

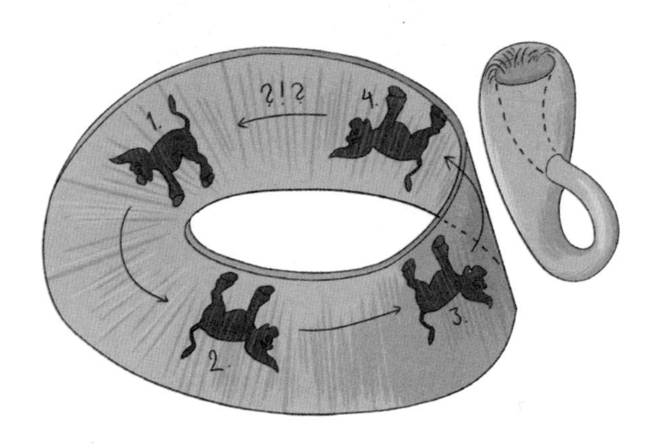

图 23 莫比乌斯面和克莱因瓶

但是，你若将一头驴子移出平面，使其在空间中旋转 180°，然后放回平面，就能得到一头与另一头驴子完全重合的驴子。照此方法，我们也可以将右手手套移出三维空间，将其在四维空间中以适当方式旋转，重新放回三维空间后，它就会变成左手手套。然而，物理空间中不存在第四维度，因而上述方法无法实现。那么，是否存在其他办法呢？

现在，让我们回归二维世界，只是此次我们讨论的话题不再是图 22 所示的普通平面，而是讨论所谓的“莫比乌斯面”。这种曲面因一位在一百多年前首次对其进行研究的德国数学家的名字而得名。制作莫比乌斯面，只需要取一个长纸条，将一端扭转 180° 后，将两端黏合呈环状，操作时可以参考图 23。莫比乌斯面有很多特别的性质，其中一点只需拿一把剪刀，沿着平行边缘的中线剪下一圈（具体操作参见图 23 箭头）就能发现。你一定会想当然地以为，这样操作之后会得到两个环。但实际操作之后，你就会知道自己判断错误，得到的并非两个圆环，而是一个比原来的圆环长一倍、窄一半的大圆环。

接下来，让我们模拟一下影子驴环绕莫比乌斯面行走的场景吧！假设驴子以图 23 中的位置 1 为起点，这时候它是一头“左视侧面驴子”；驴子沿莫比乌斯面行走，经过位置 2、3，最后返回起点。当驴子到达位置 4 时，它竟然呈现出四脚朝天的尴尬姿势——这一点让你和它都大吃一惊！当然，它可以翻转过来，让自己四脚着地，但这样一来，它就会变成一头“右视侧面驴子”。

克莱因瓶：最早由德国几何学家菲利克斯·克莱因提出，是一个类似球面的封闭曲面，看上去像一个瓶子。

简单来说，只需沿着莫比乌斯面走一圈，就可以将“左视侧面驴子”变成一头“右视侧面驴子”。需要强调的是，在此过程中，驴子始终处于莫比乌斯面之上，从未脱离二维平面在空间中翻转。由此，我们得出了如下结论：在一个扭曲面，右手系物体只需要通过扭曲处，就会变为左手系物体，反之亦然。实际上，图 23 所示的莫比乌斯面代表着一种被称为**克莱因瓶**（如图 23 右侧所示）的更具普遍性的曲面的一部分。克莱因瓶自我封闭且仅有一面，也不存在明显的界限。既然可以实现二维平面不同手性物体的转变，那么只要以适当方式扭曲三维空间，同样的转换也就能在三维空间中实现。当然，想象莫比乌斯的空间扭转颇具难度。我们无法像观察驴子平面那样观察我们身处其中的三维空间的全貌，身在此中的人总是受此局限。不过，天文空间很有可能是自我封闭且存在莫比乌斯面式的扭曲。

若真如此，旅行者环游宇宙而归之时，就会成为左撇子，且心脏也会跑到右侧胸腔。从中受益的也有手套和鞋子的制造商，此后他们只需生产一种手性的鞋子、手套，然后将产品送入宇宙环绕一周，返回地球时就能穿进另一侧的脚上或者手上。

遐想至此，我们对于特殊空间的特殊性质的讨论也就完毕了。

第4章 四维的世界

一、时间是第四维度

第四维度的概念总是蒙着一层令人不解的神秘面纱。作为一种只有长、宽、高的三维生物，我们哪来的胆量论及四维空间？竭尽三维头脑之智慧，能否勾勒出四维超空间的样子？四维立方体抑或四维球体是何模样？当你被要求“想象”一条巨龙，它的尾巴布满鳞片、鼻中喷射火焰；抑或是想象一架超大客机，内有游泳池，双翼建有两个网球场时，实际上，你只是在脑海中勾勒出了这些景象突然出现在眼前的画面。你将其置于自己熟知的三维空间之中，其中包括你自己在内的所有物体，都处于这一普通的三维空间之内。若这就是所谓的“想象”，那么我们就无法在普通三维空间背景之下想象出四维物体，这就和我们无法将三维物体压进平面是一个道理。不过，稍等，就某种意义而言，我们确实通过绘画的方式将三维物体压进了平面。只是，此情此景，我们无论如何都不会采用液压机或其他物理力来实现这一目标，我们选用的方法是“几何投影”。图 24 向我们展示了将以马为例的三维物体压进平面的两种方法，二者差别显而易见，通俗易懂。

图 24　把三维物体压进二维平面的两种方法，左图是错误的示范，右图是正确的示范。

类比推理，我们可以说，若要将四维物体“挤”进三维空间，那难免有些部分左支右绌。不过，以各种四维物体在我们身处其中的三维空间的“投影”为话题，却仍有讨论的必要。需要谨记的是，三维物体在平面上的投影是二维的，同理，四维超物体在我们熟知的三维空间的投影就必然是三维的。

为了将这个问题理解得更加透彻，我们可以将自己想象成生活于平面的二维影子生物，在其眼中，三维立方体是何概念？这个过程并不困难，毕竟我们是三维空间的高级生物，可以“从外部”观察二维平面，即用三维眼光看待二维世界。唯　能够把立方体“压”进平面的方法，就是如图 25 所示，将其“投影”到平面之上。生活在二维世界的影子朋友看到这个投影，以及旋转立方体而成的其他各种投影，就能够大体了解一些这个略显神秘的“三维立方体”图形的性质。影子朋友无须如我们一样“跳出”平面观察，只需要观察投影，就能看出这是一个拥有 8 个顶点、12 条边的立方体。现在再将目光转向图 26，你就会明白，自己的处境与那些在平面中观察立方体的影子生物别无二致。画面中，那面带惊奇的一家正认真研究的奇怪且复杂的结构，事实上就是一个四维超立方体在普通三维空间中的投影。①

图 25　二维生物向其平面的三维立方体投影报以惊奇的目光。

① 更准确的表达如下：图 26 所示，是一个四维超立方体在三维空间的投影再次投影于纸平面的结果。——作者注

图 26 来自四维空间的访客！一个四维超立方体的正向投影图。

认真研究一下这个图形，很容易就能看出其特性，这些特性和图 25 中使影子生物吃惊不已的图形特性十分接近：三维立方体投影于平面，会呈现出一里一外两个顶点相连的嵌套正方形；超立方体投影于三维空间，会呈现出一里一外两个顶点相连的嵌套立方体。简单地数一下，就会发现，这个超立方体的顶点为 16 个，棱为 32 条，面为 24 个。这个立方体看起来很不寻常，对吗？

接下来，我们需要关注一下四维球体的模样。要实现这一目的，我们得从较为熟悉的三维球体在平面的投影说起。比如，想象将一个透明的地球仪如图 27 一样投射到白墙之上。投影之中，两个半球必然会重叠到一起。仅就投影而言，我们甚至会误以为美国纽约与中国北京近在咫尺。但这不过是一种错误的印象罢了。实际上，投影上的任意一点都代表着球体上的两个相对点，现实中一架由美国纽约飞向中国北京的客机，映射到投影上就是先向边缘不断移动，然后沿原路返回原点。虽然两架飞机的航迹可能会重叠于投影图上，但是，只要这两架飞机真实地位于两个半球，那么它们就不可能相撞。

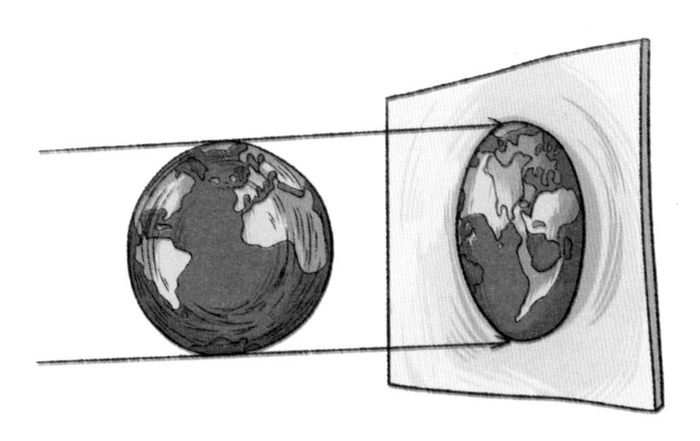

图 27　球体的平面投影

上述就是三维球体在平面投影的性质。只需稍加想象，我们就能想象出四维超球体在三维空间投影的模样。与三维球体在平面上投影成两个点点重叠、只边缘相连的圆盘类似，四维超球体在三维空间的投影，必然会形成两个相互重叠、只有表面相连的球体。其实在上一章我们解释封闭球面的封闭三维空间时，已经以此为例，讨论过这种特殊结构了。所以，我们只需稍作补充，明白以下内容皆可：现在讨论的四维球体的三维投影就是我们上章介绍过的果皮完全重叠、两个“挤”为一体的苹果。

比照此法，我们就能够给出许多关于四维超物体性质的答案。不过，就算付出再多努力，我们可能也无法“想象”出我们身处其中的物理空间的第四维度。

若你继续思考，就会明白，没有必要将第四维度看得过于神秘。实际上，那个可以被看作也正在被物理学界用作第四维度的词语，在一般人的生活中使用频率很高。没错，它就是“时间”。时间与空间经常结伴出现，被用于描述我们周围的各种事件。谈及宇宙中的万事万物，不管是街道上偶遇的老友，还是爆炸的遥远星球，我们一般都会说明地点和时间。这样，在构成位置的三个维度之外，时间就成了事件的第四个维度。

若你继续思考下去，你会十分容易地发现，任何物体都有三个空间维度、一个时间维度共计四个维度。如此一来，你居住的房屋就会在长、宽、高及时间上不断延展，它的时间维度始于落成，终于烧毁、拆掉抑或是年久失修的坍塌等任何形式的毁灭。

实事求是地说，时间确实和三个空间维度有所差别。我们用钟表测量时间间隔，时钟嘀嗒一声就是一秒，叮咚一声就是一小时；却用尺子来测量空间距离。无论是测量长、宽、高，我们都可以用同一把尺子完成，但是不能将它当作测量时间间隔的时钟。此外，我们可以随意地在空间里前后、左右、上下移动，并返回原点，但时间奔流向前，永不回头。我们只能身不由己地由过去到现在，由现在去未来。不过，虽然时间维度和三维空间差别甚多，但我们仍要将时间作为第四维度，描摹物质世界。只是，千万谨记，时间不同于空间。

在将第四维度选定为时间后，我们发觉，本章开头提到的想象四维物体的问题，难度降低不少。比如，你还没忘记那个四维立方体奇形怪状的投影吧？它一共拥有 16 个顶点，32 条棱、24 个面！如此说来，图 26 中的人满眼惊讶地盯着这个几何怪胎就在情理之中了。

不过，以我们现有观点来看，四维立方体不过是三维立方体跨越一定时间罢了。假如你在 5 月 1 日这一天，用 12 根直铁丝搭建了一个立方体，时隔一月将其拆掉，那么，实际上，立方体上的每个顶点都是一条沿着时间维度延续了一个月的线。你可以如图 28 那样，在每个顶点上贴上一本小日历，每过一天翻过一页，代表时间进度。

现在，对四维物体的棱进行计数就变得十分简单了。起初，立方体在空间中拥有了 12 条棱；随着时间流逝，它在时间上拥有了 8 条顶点划过的“时间棱”，拆除时，它仍旧拥有 12 条空间棱[①]，棱数共计 32 条。同理类比，我们就会数出 16

---

① 若你仍然理解不了，可以设想一个正方形，它有四个顶点、四条边。我们把它沿着垂直表面（即第三维度方向）的方向移动边长那么远的距离，就会得到一个立方体。——作者注

个顶点：5 月 7 日有 8 个空间顶点，6 月 7 日也有 8 个空间顶点。我们将对四维几何体面数的计数作为课后练习，希望读者可以运用同样的办法将其数出。练习时需要谨记，四维立方体的一些面是原三维立方体的面，还有一些面则是原三维立方体在 5 月 7 日至 6 月 7 日的时间维度中形成的“半空间半时间”的面。

我们讨论的四维立方体的全部性质，在其他任意无论是否拥有生命的几何体或物体身上都适用。

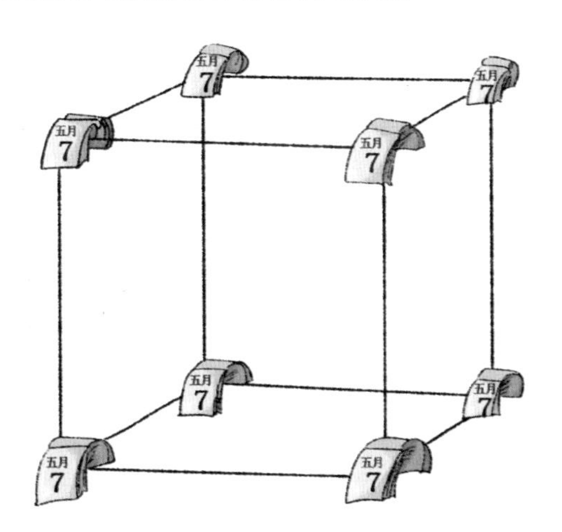

图 28

具体而言，就是将自己想象为一个物体，这个物体是四维的，是在从出生到死亡的时间维度中不断延伸的橡胶条。非常遗憾，我们无法将四维物体画到纸上，因而在图 29 中，为了方便理解，我们将你描摹成了二维影子人的模样，并把垂直于二维平面的方向当作时间维度。图 29 所示，不过是影子人生命的一个小小段落，要想画出他的一生，需要的橡胶条非常之长。橡胶条最初时——也就是影子人小时候——非常之细，随着生命进程的推进橡胶条不停扭动，直至死亡来临，它才静止不动（因为死人不会动弹），随之而来的便是分解。

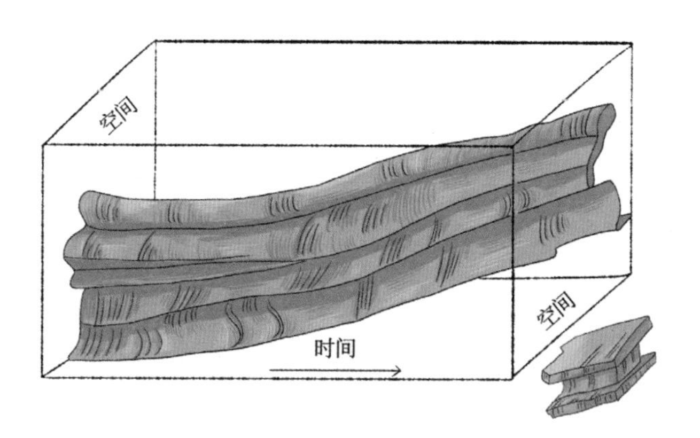

图 29

说得准确一些，就是：无数根相互独立的纤维组成了这根四维橡胶条，每根纤维又由不计其数、相互独立的原子组成。人的一生之中，大多数纤维自始至终聚在一起，成为整体；也有少数会在如剪头发或者剪指甲这样的过程中掉落而下。所以，尸体的分解实际上就是所有相互独立的纤维（也许得除去形成骨骼的那些纤维）四下散落、各奔东西。

套用四维时空几何学的术语，代表每个单独物质粒子历史的线学名为“世界线”[1]；组成物体的一组世界线学名为“世界束”。

图 30 中的天文学案例，向我们展示了太阳、地球和彗星的世界线[2]。如同前述影子人的案例，此处我们将地球公转的轨道平面视为二维空间，然后将垂直于这个平面的方向视为时间维度。因

彗星：指进入太阳系内亮度和形状随日距变化而变化的绕日运动的天体，呈云雾状，外形看上去像扫帚。

① “世界线”是作者首创的定义，他有一本名为《我的世界线》的自传。——作者注

② 准确地说，此处应为“世界束”；不过在天文学的世界中，无论恒星、行星都可被看作一个点。——作者注

为太阳位置恒定，所以图中太阳的世界线平行于时间轴，且为直线[1]。地球绕太阳而行，轨道近似圆形，所以地球的世界线以太阳为中心螺旋上升；彗星的世界线则是不断接近太阳线，然后再度远离。

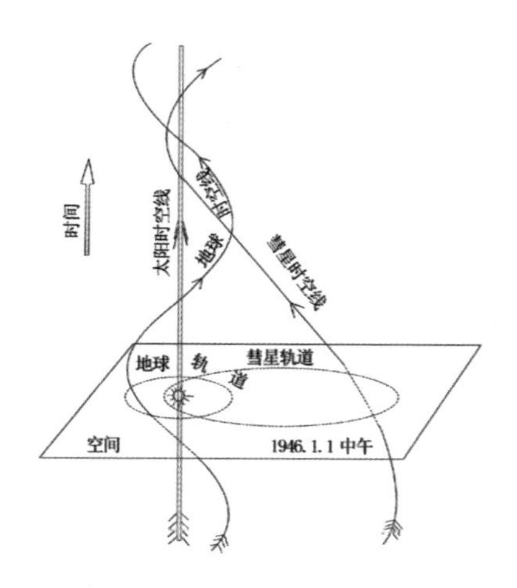

图 30

就四维时空几何学的角度而言，拓扑图形和宇宙历史融合而成的画面极其和谐；只需要考虑一堆纠缠成束的世界线，就能对独立原子、动物或是恒星运动展开研究。

① 事实上，相对于其他恒星，太阳并非位置恒定，而是在运动当中。因而，若是将恒星系作为参照，那么太阳的世界线应该是斜线。——作者注